Pro/E 野火版 4.0 精选 50 例详解

和青芳　王立波　周四新　主编

北京航空航天大学出版社

内容简介

本书以 Pro/ENGINEER Wildfire4.0 中文版软件为操作平台，以实例的方式系统全面地介绍 Pro/E 在实际设计中的应用。

全书分三章共计 50 个各具特色的实例，第 1 章为简单模型设计实例，第 2 章为复杂模型设计实例，第 3 章为组件装配与机构运动仿真实例。本书以实例方式全方位、多角度展示 Pro/E 在实际设计中的应用与技巧。

初学者学习本书，可以快速制作出三维模型并逐步成为业内高手，而对于中高级用户本书也是一本很好的案例手册。本书适于各层次的 Pro/E 培训班使用，适于大中专院校作为计算机辅助设计、工业设计的教材，还可作为相关课程设计、毕业设计的参考手册，对自学者也是一本非常实用、易学的教科书。

本书所附光盘包含本书需要打开的练习文件、全部实例的最终完整源文件和 Pro/E 基本操作、难点问题演示的视频文件。同时，CAD 教育网将 www.CADedu.com 将免费为本书提供学习支持。

图书在版编目(CIP)数据

Pro/E 野火版 4.0 精选 50 例详解 / 和青芳，王立波，周四新主编． -- 北京：北京航空航天大学出版社，2010.10

 ISBN 978 - 7 - 5124 - 0186 - 0

Ⅰ．①P… Ⅱ．①和… ②王… ③周… Ⅲ．①机械设计：计算机辅助设计—应用软件，Pro/ENGINEER Wildfire 4.0 Ⅳ．①TH122

中国版本图书馆 CIP 数据核字(2010)第 159143 号

版权所有，侵权必究。

Pro/E 野火版 4.0 精选 50 例详解
和青芳 王立波 周四新 主编
责任编辑 罗晓莉
*
北京航空航天大学出版社出版发行
北京市海淀区学院路 37 号(邮编 100191) http://www.buaapress.com.cn
发行部电话：(010)82317024 传真：(010)82328026
读者信箱：bhpress@263.net 邮购电话：(010)82316936
涿州市新华印刷有限公司印装 各地书店经销
*
开本：787×1 092 1/16 印张：20.5 字数：525 千字
2010 年 10 月第 1 版 2012 年 7 月第 2 次印刷 印数：3 001—6 000 册
ISBN 978 - 7 - 5124 - 0186 - 0 定价：39.80 元(含光盘 1 张)

前　言

Pro/ENGINEER/(Pro/E)是美国PTC公司研制的一套由设计到制造的一体化三维设计软件，是新一代的产品造型系统。该公司最新推出的Pro/ENGINEER Wildfire野火版，更是将三维设计软件无论从易用性、设计的高效率，还是功能的实用性都推向一个新的高度，可以说三维设计时代已经开始。

如果您是一位产品设计师，利用该软件的实体建模、曲面建模、自由造型、图形渲染等功能，可轻松实现您的构思与创意；如果您是一位结构或工程设计师，利用该软件，不但可建立零件模型，也可轻松建立部件、整机的装配模型，还可对设计的产品，在计算机上预先进行动态、静态分析、装配干涉检验，甚至运动仿真功能，令您的设计不仅快速高效，而且天衣无缝，一次成功。

本书以 **Pro/ENGINEER Wildfire4.0** 软件为操作平台，用实例的方式系统全面地介绍Pro/E在实际设计中的应用。

全书分三章共计50个各具特色的实例，第1章为简单零件建模实例，第2章为复杂模型设计实例，第3章为组件装配与机构运动仿真实例。本书以实例方式全方位、多角度展示Pro/E在实际设计中的应用与技巧。借助本书读者可系统掌握Pro/E技术在实际工作中的应用，提高实际建模能力，初步掌握Pro/E基本装配技术和机构运动仿真功能。

本书虽经反复校对，加之时间仓促，疏漏之处在所难免，诚望广大读者和同仁指正。如果您有何意见、建议和问题，欢迎到【CAD教育网】发表，也可发电子邮件到：cadweb@126.com。

本书作者有近8年的使用Pro/E软件开发产品的应用经验，并长期从事Pro/E企业培训与个人培训。

本书主要由和青芳、王立波、周四新编写，参考本书编写的还有何娟、付钪、倪景秀、李天杰、刘静、刘会芳、刘铎等，全书由周四新通读审校。本书的完成还得到PTC公司中国区代理——北京联航科技有限公司的大力支持，同时北京联合大学、河北科技大学、北京航空航天大学等院校对本书的出版提供了大力支持。谨在此向他们表示诚挚的谢意。同时感谢：教师招聘网站聘教网(www.PinJiao.com)等网络媒体提供的大力支持。本书得到"北京市属高等学校人才强教计划资助项目"支持，项目编号：PHR201008327。

本书关于三维产品设计、建模的思想与操作技巧，同样适用于Pro/ENGINEER的其他版本。

在此给出本书特殊记号说明：

- 【】：括号中的内容为"菜单"、"命令选项"、"按键"或"按钮"。如"单击【保存】"表示"单击'保存'命令菜单"。
- 〖〗：括号中的内容为"对话框"、"对话框中的面板"、"工具栏名称"或"对话框中的栏目"。如"打开〖基准平面〗对话框"。
- ""：引号中的内容为表示"对话框中的选项"或"面板中的选项"。
- →：表示从父菜单中选择子菜单，如"单击菜单【工具】→【关系】命令。"表示选择"工具"菜单中的"关系"子菜单。
- |：表示并列关系，如"选择【冲孔】|【参考】|【完成】"。表示同时选择菜单中的"冲孔"、"参考"、"完成"子菜单。

另由于本书采用黑白印刷，书中提及的有关颜色效果请读者参见电脑效果观察。

编　者
2010年9月

序　言

2008 年美国次贷危机爆发以来，全球经济形势急转直下，并迅速蔓延。制造业也未能幸免，正在受到越来越广泛、越来越深刻的冲击。

面对危机，有识之士振臂疾呼：中国经济增长的模式，中国制造业发展的模式到了必须改变的时候了。如果说改变的需要是来自于这次金融危机——一种外在、偶然的事件，不如说是中国改革开放三十年来，曾经给我们带来经济奇迹的中国制造模式到了寿终正寝之时的必然要求。高成本时代的中国制造业，在金融危机来临之前，已经疲态毕露了。这次金融危机充其量只能算是压死传统制造业模式这只骆驼的最后一根稻草。

当今的中国制造业，历史性地面临产业升级和产业转移两条出路。无论是通过产业升级实现自主创新获得差异化的竞争优势，还是通过产业转移远走他乡寻求廉价资源获得低成本的竞争优势，都离不开优秀的设计软件和最佳的服务与支持。在中国制造业历史性的变革过程中，责任和机遇也历史性地落到了我们的头上。

纵观当前设计领域应用软件，可以说，美国 PTC 公司的 Pro/ENGINEER 是目前业界应用最广、技术最成熟的 3D 计算机辅助设计软件之一，其参数化特性、集 CAD/CAM/CAE 于一体的强大功能及设计应用的高效率，使之成为三维工业计算机辅助设计软件的行业标准，倍受业界人士青睐与设计工程师瞩目。为推动 Pro/E 三维 CAD 技术在中国的普及与应用，促进中国设计与中国创造的再次腾飞，我们发挥 Pro/E 代理和培训的行业优势，与 Pro/E 应用图书出版领域知名的周四新老师合作，推出这套 Pro/E 系列丛书。本丛书既着眼软件应用知识和技巧的系统完整，又特别注意书本与设计制造实践的紧密结合。

我们深信随着计算机技术和工业设计与制造技术的飞速发展，踏入 Pro/E 领域的人才会越来越多，Pro/E 的应用会越来越广，我国的工业设计与制造水准也必将迈上更高的台阶。让所有 Pro/E 软件的爱好者和学习者共同努力，吹响号角，迎接即将到来的中国工业的春天。

美国 PTC 公司中国区代理
北京联航科技有限公司
总经理　任冬才

目 录

第1章 简单模型设计实例 1
  1.1 轴 1
  1.2 轴承端盖 4
  1.3 法兰盘 8
  1.4 方向盘 13
  1.5 压缩弹簧 19
  1.6 塑料底盖 21
  1.7 轮 胎 29
  1.8 榔头手柄 34
  1.9 笔 座 40
  1.10 机器底座 48

第2章 复杂模型设计实例 55
  2.1 扳 手 55
  2.2 鞋子造型 59
  2.3 曲面上的文字 69
  2.4 瓶盖造型 75
  2.5 羊角锤锤头 79
  2.6 油 桶 90
  2.7 受控的弹簧 97
  2.8 电话听筒造型 103
  2.9 机油桶造型 112
  2.10 可乐瓶造型 120
  2.11 渐开线圆柱直齿轮 126
  2.12 齿轮减速箱箱盖 134
  2.13 齿轮减速箱箱体 153
  2.14 装饰罩造型 154
  2.15 风 扇 160
  2.16 加湿器喷气嘴罩 164
  2.17 卷 簧 167
  2.18 测力计造型 170
  2.19 异型弹簧 176
  2.20 复合弹簧造型 179
  2.21 电话接线造型 183
  2.22 连接头零件 187

2.23 螺丝刀手柄造型 …………………………………………………………………… 192
2.24 工具箱 …………………………………………………………………………… 198
2.25 笼形造型 ………………………………………………………………………… 209
2.26 圆锥齿轮 ………………………………………………………………………… 212
2.27 蝶形螺母 ………………………………………………………………………… 217
2.28 普通球轴承 ……………………………………………………………………… 222
2.29 手电筒筒身造型 ………………………………………………………………… 226
2.30 控制器上盖 ……………………………………………………………………… 238
2.31 订书机弹片 ……………………………………………………………………… 248
2.32 钣金弯架 ………………………………………………………………………… 257
2.33 配电箱壳体 ……………………………………………………………………… 266
2.34 控制箱外壳 ……………………………………………………………………… 280
第 3 章 组件装配与机构运动仿真实例 ……………………………………………… 294
3.1 轴组件模型的装配 ……………………………………………………………… 294
3.2 链条的装配 ……………………………………………………………………… 297
3.3 曲柄滑块机构的装配 …………………………………………………………… 301
3.4 组件的间隙与干涉分析实例 …………………………………………………… 309
3.5 曲柄滑块机构运动分析 ………………………………………………………… 311
3.6 四连杆机构运动分析 …………………………………………………………… 316

第 1 章 简单模型设计实例

本章通过详细讲述一些简单模型设计的建模过程,使读者理解 Pro/E 建模的基本操作过程及综合运用建模特征构建三维零件模型,初步掌握 Pro/E 建模技术。

1.1 轴

制作如图 1-1 所示的轴零件模型。

图 1-1

构建该模型主要使用旋转、拉伸、倒角和圆角特征工具。其基本操作过程如图 1-2 所示。

图 1-2

步骤 1 建立新文件

(1) 单击工具栏中的 ▫ 按钮,在弹出的〖新建〗对话框中选择"零件"类型,并选中"使用缺省模板"选项,在〖名称〗栏输入新建文件名"1-1"。

(2) 单击〖新建〗中的【确定】,进入零件设计工作界面。

步骤 2 使用旋转工具建立毛坯轴

(1) 单击 ◈ 按钮,打开旋转特征操作面板。接受系统默认设置,单击〖位置〗中的【定义】打开〖草绘〗。

(2) 选择 FRONT 基准面为草绘平面,RIGHT 基准面为视图方向参照。

(3) 单击〖草绘〗中的【草绘】,进入草绘工作环境。

(4) 绘制一条水平中心线和旋转截面,如图 1-3 所示。

(5) 单击 ✓ 按钮,返回特征操作面板。单击 ✓ 按钮,完成旋转特征的建立,结果如图 1-4 所示。

步骤 3 建立一基准平面

(1) 单击 ▱ 按钮,打开〖基准平面〗。

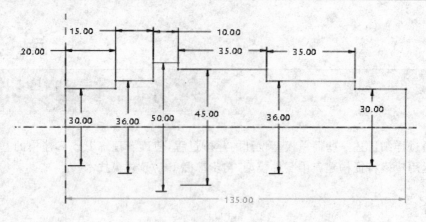

图 1-3

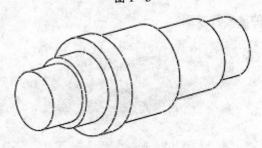

图 1-4

（2）选择 FRONT 基准面，在〖基准平面〗中输入偏移量为"22.5"，如图 1-5 所示。

（3）单击【确定】按钮，完成基准平面的建立，如图 1-6 所示。

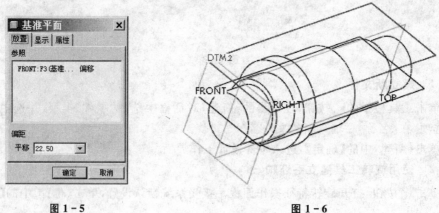

图 1-5　　　　　　　　　　图 1-6

步骤 4　切割键槽

（1）单击 按钮，打开拉伸特征操作面板。各选项设置如图 1-7 所示。

图 1-7

(2) 单击〖放置〗中的【定义】,打开〖草绘〗。选择步骤3建立的基准平面为草绘平面,RIGHT基准面为视图方向参照。

(3) 单击【草绘】,进入草绘工作环境。绘制如图1-8所示的拉伸截面。

(4) 单击 ✓ 按钮,返回拉伸特征操作面板。调整材料移除方向为如图1-9所示。

(5) 单击 ✓ 按钮,完成键槽的切割,如图1-10所示。

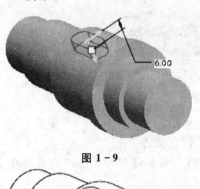

图1-9

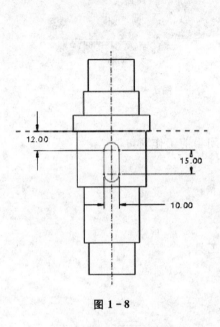

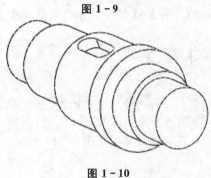

图1-8

图1-10

步骤5 建立倒角特征

(1) 单击 按钮,打开倒角特征操作面板。

(2) 选择倒角类型为"45×D",D设定为"1.5",如图1-11所示。

图1-11

(3) 按下Ctrl键,依次选中图1-12所示的7条边线。

(4) 单击 ✓ 按钮,完成倒角特征的建立,如图1-13所示。

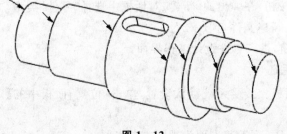

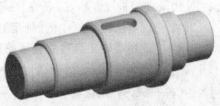

图1-12

图1-13

步骤6　建立圆角特征

(1) 单击 按钮,打开圆角特征操作面板。接受默认设置,设定圆角半径为"5"。

(2) 选择图1-14中鼠标指示的边线。

(3) 单击 按钮,完成圆角特征的建立,如图1-15所示。

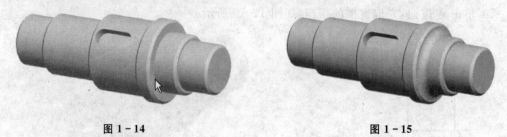

图1-14　　　　　　　　　　　　图1-15

步骤7　保存文件

单击菜单【文件】→【保存】,保存当前模型文件,然后关闭当前工作窗口。

1.2　轴承端盖

制作如图1-16所示的轴承端盖模型。

构建该模型主要使用旋转、孔、阵列、倒角、圆角等特征工具。

该模型的基本制作过程如图1-17所示。

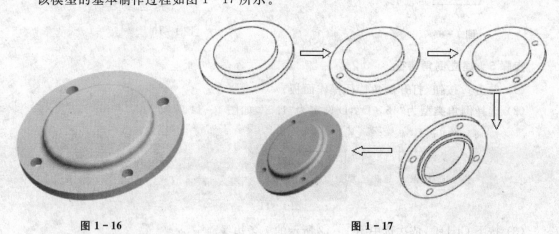

图1-16　　　　　　　　　　　　图1-17

步骤1　建立新文件

(1) 单击工具栏中的新建文件按钮 按钮,在弹出的〖新建〗对话框中选择"零件"类型,并选中"使用缺省模板"选项,在〖名称〗栏输入新建文件名"1-2"。

(2) 单击〖新建〗对话框中的【确定】按钮,进入零件设计工作界面。

步骤2　使用旋转工具建立轴承端盖毛坯

(1) 单击 按钮,打开旋转特征操作面板。接受系统默认设置,单击〖位置〗面板中的【定义】按钮,打开〖草绘〗对话框。

(2) 选择FRONT基准面为草绘平面,RIGHT基准面为视图方向参照。

(3)单击【草绘】,进入草绘工作环境。绘制如图 1-18 所示的中心线和旋转截面。

(4)单击 ✓ 按钮,返回旋转特征操作面板。单击 ✓ 按钮,完成旋转特征的建立,生成如图 1-19 所示的毛坯模型。

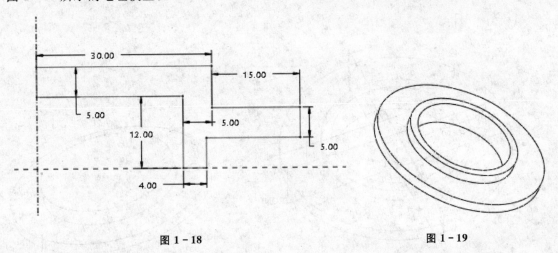

图 1-18　　　　　　　　　　　　　　图 1-19

步骤 3　建立孔特征

(1)单击 按钮,打开孔特征操作面板,接受系统默认设置,输入孔径为"6.5",孔深为"6",如图 1-20 所示。

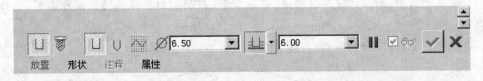

图 1-20

(2)选择图 1-21 中箭头指示的面为孔的放置平面。

(3)单击【放置】,在打开的面板中选择"直径"定位方式放置孔,如图 1-22 所示。

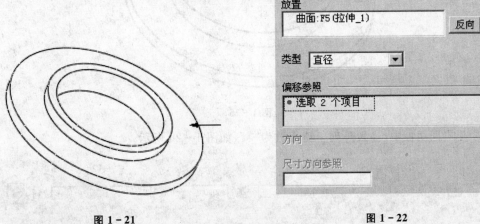

图 1-21　　　　　　　　　　　　　　图 1-22

(4)激活〖偏移参照〗栏目,按下 Ctrl 键,在模型中选择基准轴线 A_2 和 RIGHT 基准面,并设定相对于 RIGHT 基准面的角度值为 90°，设定以基准轴线 A_2 为中心的参考圆的直径为"75"，如图 1-23 所示。

(5) 单击 ✓ 按钮，完成孔特征的建立，如图 1-24 所示。

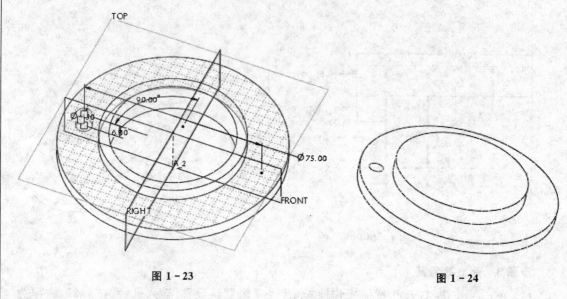

图 1-23　　　　　　　　　　　　　图 1-24

步骤 4　阵列孔特征

(1) 在模型树中，选择建立的孔特征，然后单击 按钮，打开阵列特征操作面板，选择"轴"阵列类型。

(2) 在模型中，选择基准轴 A_2，如图 1-25 所示。

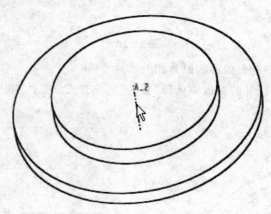

图 1-25

(3) 在阵列面板中，输入阵列子特征数为"4"，如图 1-26 所示。

图 1-26

(4) 单击 ✓ 按钮,完成孔特征的阵列,结果如图1-27所示。

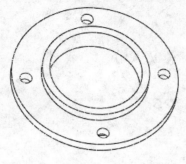

图1-27

步骤5　建立倒角特征

(1) 单击 ↘ 按钮,打开倒角特征操作面板。

(2) 选择倒角类型为"D1×D2",输入D1为"3",D2为"1.5",如图1-28所示。

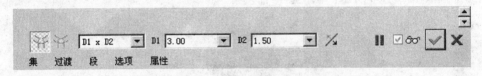

图1-28

(3) 在模型中选择图1-29所示的边线,以在该边缘建立倒角。

(4) 单击 ☑∞ 按钮,观察倒角结果,如图1-30所示。

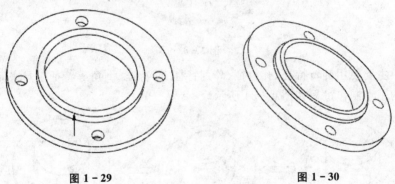

图1-29　　　　　　　　　图1-30

操作提示:如果倒角的形状不是图中的结果,应单击 ▶ 按钮,退出预览状态,然后单击 ╳ 按钮即可。

(5) 单击 ✓ 按钮,完成倒角特征的建立。

步骤6　建立圆角特征

(1) 单击 ↘ 按钮,打开圆角特征操作面板。接受默认设置,设定圆角半径为"3"。

(2) 选择图1-31中箭头指示的边线,在其边缘建立圆角。

(3) 单击 ✓ 按钮,完成圆角特征的建立,如图1-32所示。

步骤7　保存模型

单击菜单【文件】→【保存】,保存当前模型文件,然后关闭当前工作窗口。

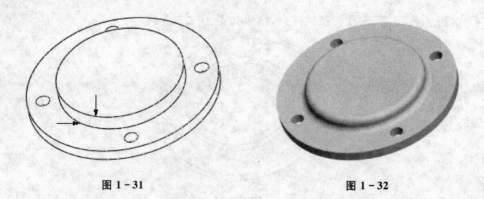

图 1-31　　　　　　　　　　　　　图 1-32

1.3　法兰盘

本例制作如图 1-33 所示的法兰盘零件模型。

图 1-33

在该例中主要使用旋转特征、孔特征、阵列特征、筋特征、倒角等特征工具来完成模型的构建。该模型的基本制作过程如图 1-34 所示。

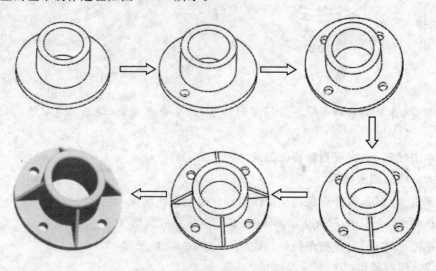

图 1-34

步骤1 建立新文件

(1) 单击菜单【文件】→【新建】,打开〖新建〗对话框。选择"零件"类型,在〖名称〗栏中输入新建文件名称"1-3"。

(2) 单击【确定】,进入零件设计工作环境。

步骤2 使用旋转工具建立法兰盘毛坯

(1) 单击✺按钮,打开旋转特征操作面板。接受系统默认设置,单击〖位置〗中的【定义】,打开〖草绘〗对话框。选择FRONT基准面为草绘平面,RIGHT基准面为参照。

(2) 单击〖草绘〗中的【草绘】,进入草绘工作环境。

(3) 绘制如图1-35所示的一条竖直中心线和旋转截面。

(4) 单击✔按钮,返回旋转特征操作面板。

(5) 单击✔按钮,完成旋转特征的建立,结果如图1-36所示。

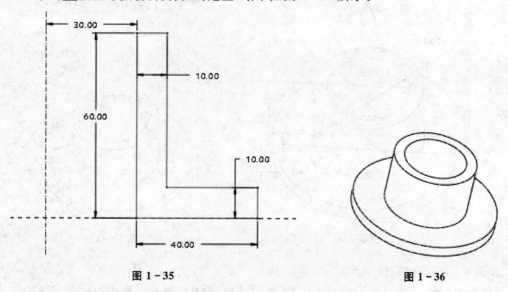

图1-35   图1-36

步骤3 建立孔特征

(1) 单击按钮,打开孔特征操作面板,接受系统默认设置,输入孔径为"12.4",孔深为"12"(该值只要大于端面厚度即可),如图1-37所示。

图1-37

(2) 选择图1-38中鼠标指示的面为孔的放置平面。

(3) 单击【放置】,在打开的面板中选择"直径"类型定位方式放置孔,在〖偏移参照〗栏中,单击该区域激活该栏目,以选择第二定位参照,如图1-39所示。

(4) 按下Ctrl键,在模型中选择基准轴线A_2和FRONT基准面。

(5) 设定相对于基准轴线A_2为中心的参照圆直径为"φ110",设定相对于FRONT基准面的角度为"45°",如图1-40所示。

(6)单击 ✓ 按钮,完成孔特征的建立,如图 1-41 所示。

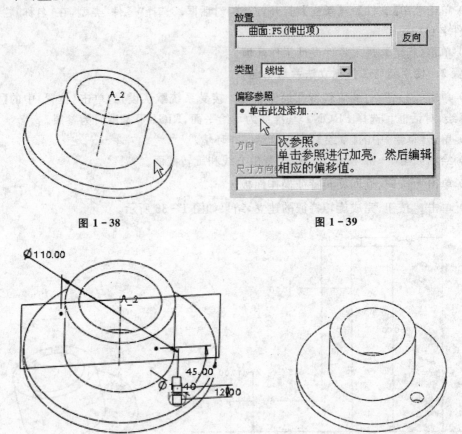

图 1-38　　　　　　　　　　图 1-39

图 1-40　　　　　　　　　　图 1-41

步骤 4　阵列孔特征

(1)在模型树中选择建立的孔特征,单击 ▦ 按钮,打开阵列特征操作面板。

(2)在模型中单击角度尺寸"45°",在弹出的文本框中输入该尺寸方向的尺寸增量为"90",如图 1-42 所示。

(3)在阵列面板中输入阵列子特征数为"4"。

(4)单击 ✓ 按钮,完成孔特征的阵列,结果如图 1-43 所示。

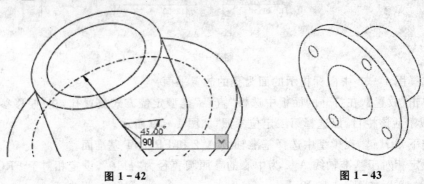

图 1-42　　　　　　　　　　图 1-43

步骤5　建立第一个筋特征

(1) 单击△按钮,打开筋特征操作面板,如图1-44所示。

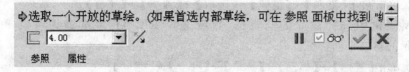

图1-44

(2) 单击〖参照〗面板中的【定义】,打开〖草绘〗。
(3) 选择FRONT基准面为草绘平面,RIGHT基准面为参照,如图1-45所示。
(4) 单击〖草绘〗中的【草绘】,系统进入草绘工作环境。
(5) 绘制如图1-46所示的一条线段。
(6) 单击✓按钮,返回筋特征操作面板。
(7) 在〖厚度〗栏中设定筋厚度为"4"。
(8) 单击〖参照〗面板中的反向按钮,材料生成方向(箭头指示)如图1-47所示。

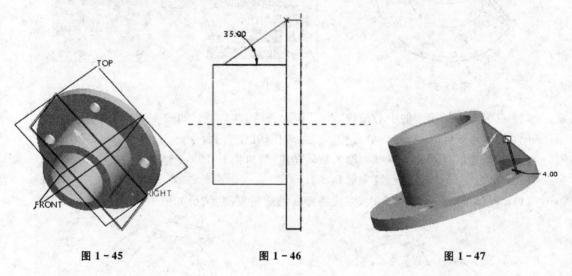

图1-45　　　　　　图1-46　　　　　　图1-47

(9) 单击主面板中的╱按钮,调整筋的位置,使其中心层与FRONT基准面重合,如图1-48所示。
(10) 单击✓按钮,完成筋特征的建立,结果如图1-49所示。

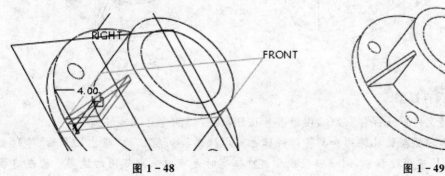

图1-48　　　　　　图1-49

步骤6 复制筋特征

（1）单击菜单【编辑】→【特征操作】，打开〖特征〗。

（2）依次单击菜单【复制】→【镜像】→【选取】→【独立】→【完成】。

（3）在模型树中选择建立的筋特征，然后选择 RIGHT 基准面为镜像平面，生成如图 1-50 所示的第二个筋特征。

（4）依次单击【复制】→【移动】→【选取】→【独立】→【完成】。

（5）在模型树中，按下 Ctrl 键，选择上面建立的两个筋特征，如图 1-51 所示。

（6）在依次弹出的菜单中单击【旋转】、【曲线/边/轴】命令，如图 1-52 所示。

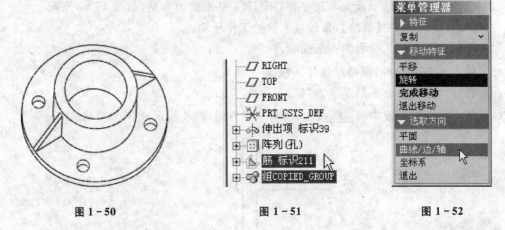

图 1-50　　　　　　　　图 1-51　　　　　　　　图 1-52

（7）在模型中择模型的中心轴线"A_2"作为旋转方向参照，如图 1-53 所示。

（8）接受系统默认的方向，单击〖方向〗菜单中的【正向】命令。

（9）在信息区显示的文本框中输入旋转角度值"90"，按 Enter 键确认。

（10）单击〖移动特征〗中的【完成移动】。

（11）连续单击鼠标中键 3 次，完成筋特征的旋转复制，结果如图 1-54 所示。

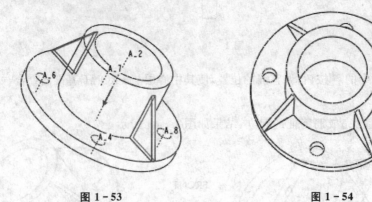

图 1-53　　　　　　　　　　　图 1-54

步骤7 保存模型

单击菜单【文件】→【保存】命令，再单击 ✓ 按钮，保存当前建立的零件模型。

提示：建立该模型的孔阵列和筋阵列特征也可以使用阵列特征的"尺寸"或"轴"阵列类型实现。在 Pro/E 建模过程中，同一模型或几何特征有时是可以采用不同的建模步骤或建模方式来实现的,建议读者在今后的建模学习和实践中注意体会,不断扩充 Pro/E 的建模技巧和提高 Pro/E 建模的熟练程度。

1.4 方向盘

建立如图 1-55 所示的方向盘零件模型。

在该例中主要使用旋转特征、扫描混合特征、拉伸减料特征、特征复制等工具来完成模型的构建。该模型的基本制作过程如图 1-56 所示。

图 1-55

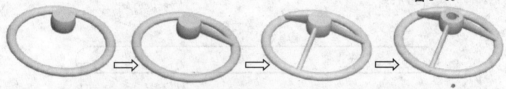

图 1-56

步骤 1　建立新文件

(1) 单击菜单【文件】→【新建】,打开〖新建〗。

(2) 选择"零件"类型,在〖名称〗栏中输入新建文件名称"1-4"。

(3) 单击【确定】按钮,进入零件设计工作环境。

步骤 2　使用旋转工具初步建立模型框架

(1) 单击按钮,打开旋转特征操作面板。

(2) 接受系统默认设置,单击〖位置〗面板中的【定义】,打开〖草绘〗对话框。

(3) 选择 FRONT 基准面为草绘平面,RIGHT 基准面为参照。

(4) 单击〖草绘〗中的【草绘】,系统进入草绘工作环境。

(5) 绘制如图 1-57 所示的一条竖直中心线和旋转截面。

(6) 单击 按钮,返回旋转特征操作面板。

(7) 单击 按钮,完成旋转特征的建立,结果如图 1-58 所示。

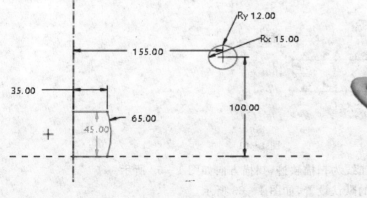

图 1-57

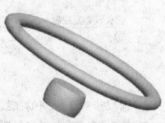

图 1-58

图 1-59

步骤 3　绘制轨迹线

(1) 单击基准特征工具栏中的 按钮，打开〖草绘〗。

(2) 选择 FRONT 基准面为草绘平面，其他选项接受默认设置，如图 1-59 所示。单击【草绘】，系统进入草绘工作环境。

(3) 绘制如图 1-60 所示的曲线。

(4) 单击草绘命令工具栏中的 按钮，完成轨迹线的绘制。

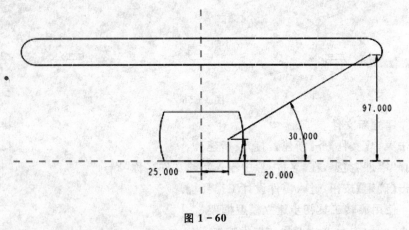

图 1-60

步骤 4　使用扫描混合工具建立轮辐

(1) 单击菜单【插入】→【扫描混合】，打开扫描混合特征操作面板，选择建立实体特征，如图 1-61 所示。

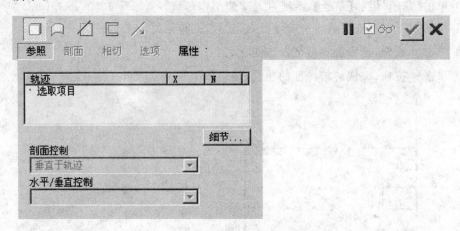

图 1-61

(2) 选取步骤 3 绘制的曲线为扫描轨迹，扫描方向如图 1-62 所示。

(3) 接受〖参照〗面板中的默认设置，如图 1-63 所示。

(4) 单击【剖面】，打开〖剖面〗，如图 1-64 所示。

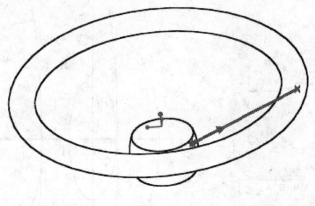

图 1-62

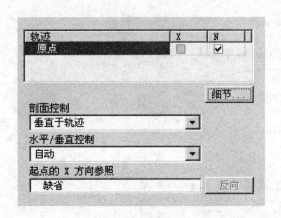

图 1-63

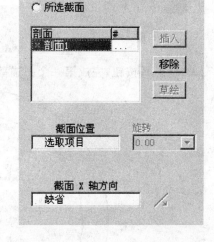

图 1-64

（5）系统提示"选取点或顶点定位截面"，如图 1-65 所示，选择轨迹线的起始点定位第一个截面。

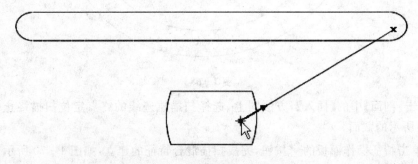

图 1-65

（6）此时〖剖面〗面板的草绘功能被激活，如图 1-66 所示。
（7）单击【草绘】，进入草绘工作环境，绘制如图 1-67 所示的一个椭圆作为起始截面。

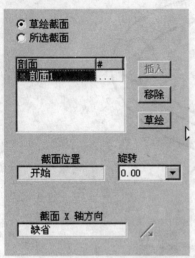

图 1-66

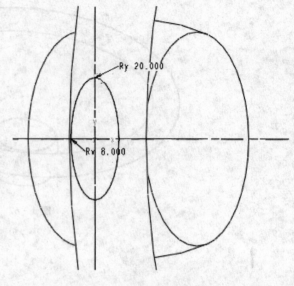

图 1-67

(8) 单击 ✓ 按钮,完成第一个扫描截面的绘制,如图 1-68 所示。

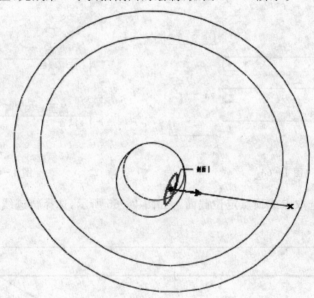

图 1-68

(9) 单击〖剖面〗中的【插入】,方法同上,选择扫描轨迹线的终点定位扫描终止截面,绘制如图 1-69 所示的截面。

(10) 单击特征操作面板的 ✓ 按钮,完成扫描混合特征的建立,如图 1-70 所示。

步骤 5 阵列复制轮辐

(1) 选择步骤 4 中建立的轮辐特征,单击阵列特征工具 按钮,打开阵列特征操作面板,选择"轴"阵列方式,如图 1-71 所示。

(2) 选择轴线 A_2 为旋转阵列中心线,设定阵列个数为"3",阵列角度范围为"360",如

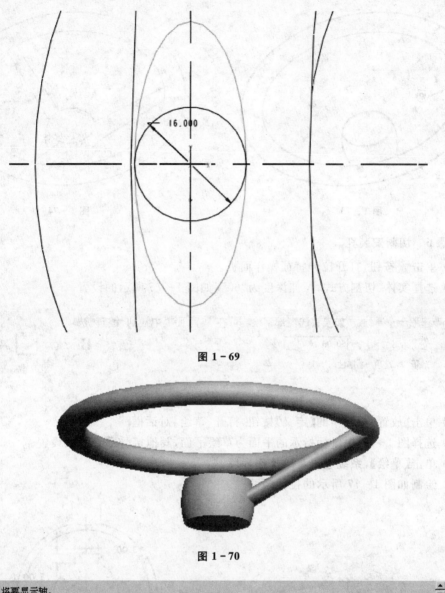

图 1-69

图 1-70

图 1-71

图 1-72 所示,绘图窗口中的模型如图 1-73 所示。

图 1-72

(3) 单击 ✓ 按钮,完成轮辐特征的阵列复制,结果如图 1-74 所示。

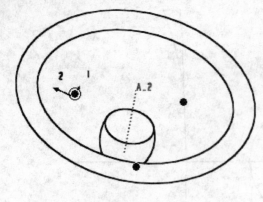
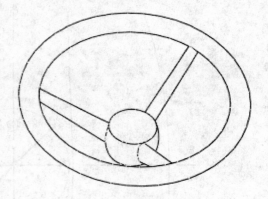

图1-73　　　　　　　　　　　　图1-74

步骤6　切割安装孔

（1）单击 按钮，打开拉伸特征操作面板。

（2）选择实体、切割方式，拉伸深度为"60"，如图1-75所示的设置。

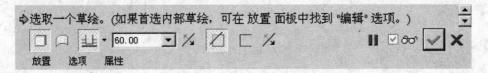

图1-75

（3）单击〖放置〗面板中的【定义】按钮，打开〖草绘〗对话框。

（4）选择图1-76中鼠标指示的平面为草绘平面，其他接受系统默认设置。

（5）单击【草绘】，系统进入草绘工作环境。

（6）绘制如图1-77所示的拉伸截面。

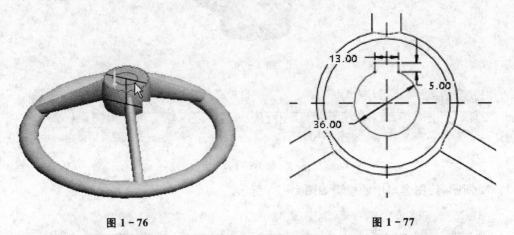

图1-76　　　　　　　　　　　　图1-77

（7）单击 按钮，返回拉伸特征操作面板，材料移出方向调整为如图1-78所示。

（8）单击 按钮，完成方向盘安装孔的切割，如图1-79所示。

步骤7　保存模型

单击菜单【文件】→【保存】，保存当前模型文件，然后关闭当前工作窗口。

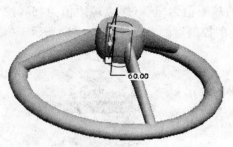
图 1-78

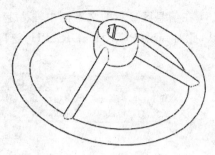
图 1-79

1.5 压缩弹簧

使用螺旋扫描工具建立如图 1-80 所示的零件模型。

步骤 1　进入零件设计模式

(1) 单击菜单【文件】→【新建】,在打开的〖新建〗中选择"零件"类型,在〖名称〗栏中输入名称"1-5"。

(2) 选中"使用缺省模板"选项,单击【确定】,进入零件设计模式。

步骤 2　定义螺旋属性

(1) 单击菜单【插入】→【螺旋扫描】→【伸出项】,打开〖属性〗菜单。

(2) 接受〖属性〗菜单中的默认命令【可变的】、【穿过轴】、【右手定则】,然后单击【完成】。

图 1-80

(3) 选择 FRONT 基准面作为草绘平面,单击【正向】接受默认的视图方向,单击〖草绘视图〗菜单中的【缺省】,系统进入草绘工作环境。

步骤 3　绘制旋转轴与轮廓线

(1) 绘制如图 1-81 所示的旋转轴和轮廓线。

(2) 单击 按钮,将轮廓线分成两段,并标注尺寸,如图 1-82 所示。

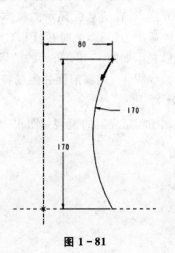

图 1-81　　　　　　图 1-82

(3) 在信息区显示的文本框中输入起始点的螺距值为"17",终点螺距值为"6",按 Enter 键确认,此时弹出〖PITCH-GRAPH〗窗口,相应的控制菜单出现,如图 1-83 所示。

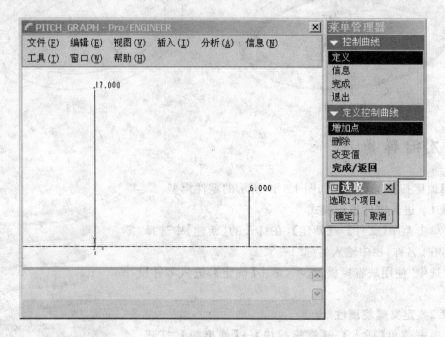

图 1-83

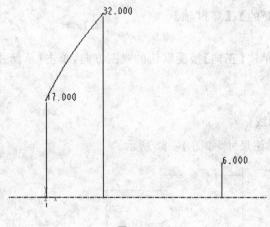

图 1-84

提示:此菜单可增加、删除控制点,或者改变控制点的螺距值。使用【增加点】命令可以添加新的控制点,使用【删除】命令则删除新增的控制点,【改变值】命令可以改变螺距值。以上命令的应用都是针对图形窗口中的对象,而不针对〖PITCH GRAPH〗窗口中的对象。

(4) 单击【增加点】,选择轮廓线上新建的分割点,在信息区显示的文本框中输入该点的螺距为"32",此时在〖PITCH_GRAPH〗窗口显示如图 1-84 所示的结果。

步骤 4   绘制剖面并生成特征建立

(1) 在起始中心绘制一直径为"12"的圆,如图 1-85 所示。

(2) 单击草绘命令工具栏中的 ✓ 按钮,单击鼠标中键,完成后的模型如图 1-86 所示。

步骤 5   保存文件

单击菜单【文件】→【保存】,保存当前模型文件。

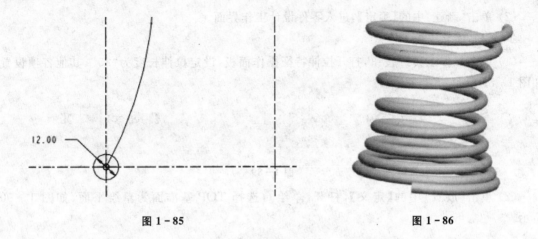

图 1-85　　　　　　　　　　　图 1-86

1.6　塑料底盖

建立如图 1-87 所示的零件模型。该模型主要使用拉伸、拔模、抽壳、倒圆角等建模工具。

图 1-87

该模型的基本制作过程如图 1-88 所示。

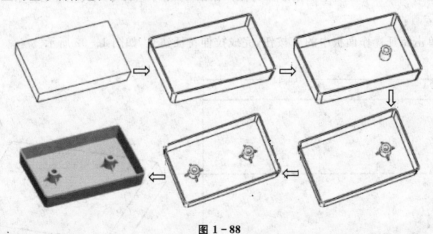

图 1-88

步骤 1　建立新文件

（1）单击工具栏中的新建文件 按钮，在弹出的〖新建〗对话框中选择"零件"类型，并选中"使用缺省模板"选项，在〖名称〗栏输入新建文件名"1-6"。

(2)单击【新建】中的【确定】,进入零件设计工作界面。

步骤 2　建立模型主体

(1)单击拉伸工具 按钮,打开拉伸特征操作面板,设定拉伸长度为"25",其他各项设置如图 1-89 所示。

图 1-89

(2)单击【放置】中的【定义】,打开【草绘】,选择 TOP 基准面为草绘平面,如图 1-90 所示。

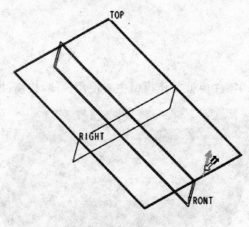

图 1-90

(3)单击【草绘】中的【草绘】,进入草绘工作环境。

(4)绘制如图 1-91 所示的矩形作为拉伸截面,单击草绘命令工具栏中的 按钮,完成拉伸截面的绘制。

(5)单击特征操作面板中的 按钮,完成拉伸特征建立,如图 1-92 所示。

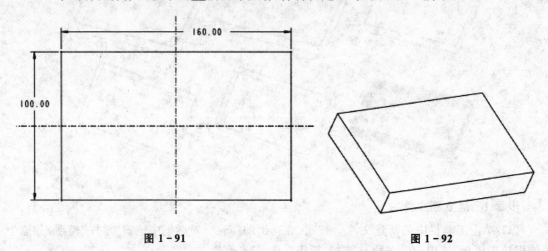

图 1-91　　　　　　　　　　　图 1-92

步骤3　建立拔模特征

(1) 单击特征工具栏中的 按钮，打开拔模特征操控板，如图1-93所示。

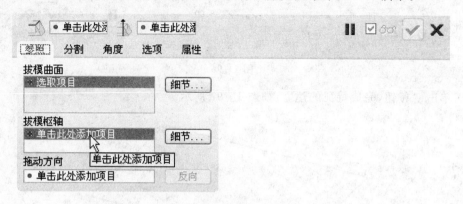

图1-93

(2) 单击"拔模枢轴"对应的收集器，将其激活（文本框的背景色由白色变为黄色），选择长方体上表面为"拔模枢轴"，如图1-94所示。

图1-94

(3) 在〖参照〗选项卡的〖拔模曲面〗栏中，单击"单击此处添加项目"选项，将其激活，如图1-95所示。

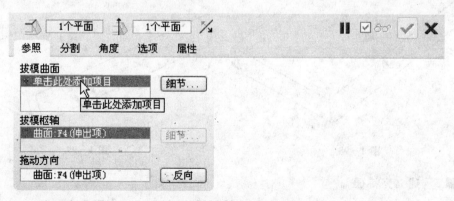

图1-95

(4) 按下Ctrl键，在图形窗口中依次选择长方体的4个侧面，作为拔模曲面。

(5) 修改拔模角度为"5°"，如图1-96所示。

图1-96

(6) 单击 ✓ 按钮,完成特征的建立,如图1-97所示。

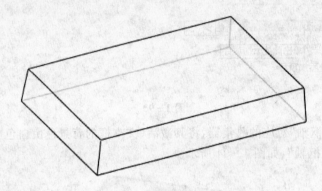

图1-97

步骤4 建立圆角特征

(1) 单击特征工具栏中的 按钮,打开圆角特征操作面板。

(2) 按下 Ctrl 键,依次选中图1-98中箭头指示的4条边。

(3) 单击 ✓ 按钮完成圆角特征的建立,如图1-99所示。

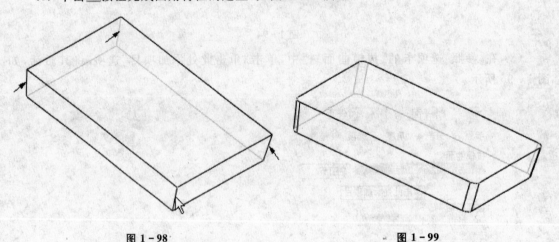

图1-98   图1-99

步骤5 建立壳特征

(1) 单击特征工具栏中的 按钮,打开壳特征操作面板,设定壳厚度为"2"。

(2) 选择长方体大端面为开口面(也称移除面),如图1-100所示。

(3) 单击 ✓ 按钮,完成壳特征的建立,如图1-101所示。

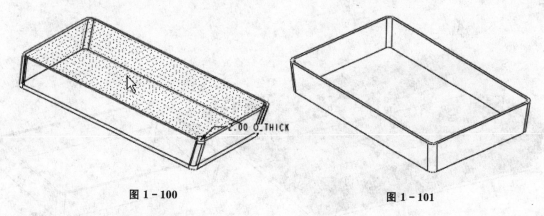

图 1-100　　　　　　　　　图 1-101

步骤 6　建立安装柱基体

(1) 单击拉伸工具 按钮，打开拉伸特征操作面板，设定拉伸长度为"15"，其他接受系统默认设置。

(2) 单击〖放置〗中的【定义】，打开〖草绘〗选择模型内底面为草绘平面，基准面 FRONT 为视图方向参照。

(3) 绘制如图 1-102 所示的两个同心圆作为拉伸截面。

(4) 单击特征操作面板中的 按钮，完成拉伸特征建立，如图 1-103 所示。

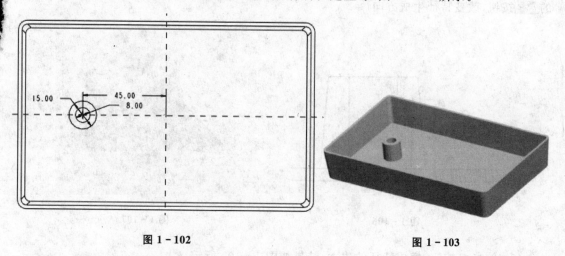

图 1-102　　　　　　　　　图 1-103

步骤 7　对安装柱建立拔模特征

(1) 单击特征工具栏中的 按钮，打开拔模特征操作面板。

(2) 选择安装柱的上端面为"拔模枢轴"，选择安装柱的侧面为"拔模曲面"。

(3) 调整拔模方向，如图 1-104 所示。

(4) 修改拔模角度为 5°，单击 按钮，完成特征的建立，如图 1-105 所示。

步骤 8　建立加强筋

(1) 单击菜单【插入】→【筋】，打开筋特征操作面板。

(2) 单击〖参照〗中的【定义】，打开〖草绘〗，选择基准面 FRONT 作为草绘平面，选择 RIGHT 基准面为参照面。

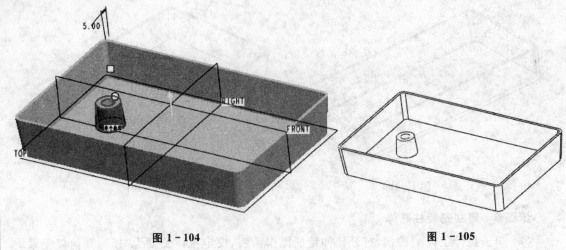

图 1-104　　　　　　　　　图 1-105

(3) 单击【草绘】，进入草绘工作环境。

(4) 绘制如图 1-106 所示的一条斜线段。

(5) 单击草图工具栏中的 ✓ 按钮，完成草图绘制返回特征操作面板，输入筋的厚度为"2"，特征生成方向应如图 1-107 所示。如果材料生成方向不对，打开〖参照〗面板，单击〖参照〗中的 反向 按钮，改变特征生成方向。

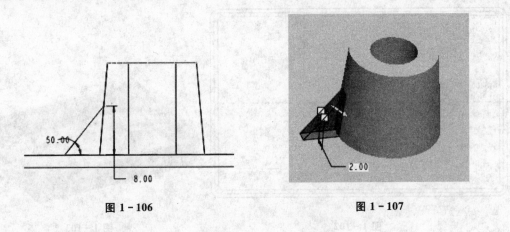

图 1-106　　　　　　　　　图 1-107

(6) 单击 ✓ 按钮，完成特征的建立，结果如图 1-108 所示。

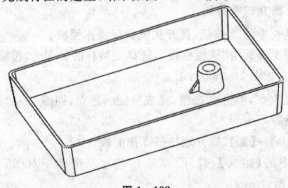

图 1-108

步骤 9　阵列复制筋特征

（1）选择模型中建立的筋特征，单击阵列特征工具 按钮，打开阵列特征操作面板，选择阵列类型为"轴"，选择基准轴线 A_9 为旋转中心线，如图 1-109 所示。

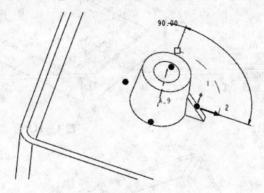

图 1-109

（2）设定阵列个数为"4"，阵列角度为"90"，如图 1-110 所示。

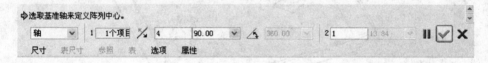

图 1-110

（3）单击阵列特征操作面板中的 按钮，完成阵列特征，结果如图 1-111 所示。

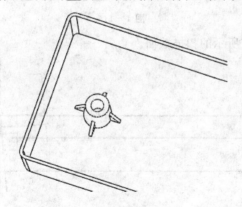

图 1-111

步骤 10　镜像复制多个特征

（1）按着 Ctrl 键，在模型树中依次选中如图 1-112 所示的 3 个选项，单击 按钮，打开镜像特征操作面板。

（2）选择 RIGHT 基准平面为镜像平面，单击特征操作面板中的 按钮，完成镜像复制，结果如图 1-113 所示。

步骤 11　使用扫描工具切割配合边沿

（1）单击菜单【插入】→【扫描】→【切口】，在弹出的〖扫描轨迹〗菜单中单击〖选取轨迹〗。

（2）如图 1-114 所示，选择箭头指示的壳体边线，然后单击〖链〗菜单中的【完成】。

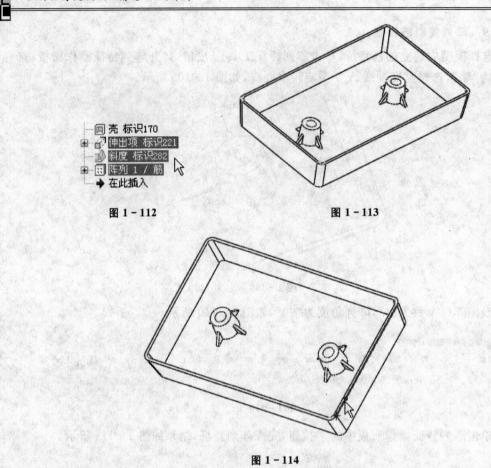

图 1-112　　　　　　　　图 1-113

图 1-114

（3）绘制如图 1-115 所示的扫描截面。

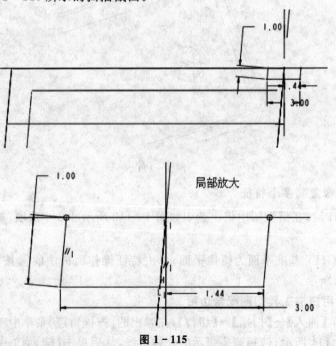

图 1-115

(4)完成的扫描结果如图1-87所示。

步骤12　保存文件

单击菜单【文件】→【保存】,保存当前模型文件,然后关闭当前工作窗口。

1.7　轮　胎

本例制作如图1-116所示的轮胎模型。

图1-116

构建该模型主要使用拉伸、实体化、阵列、环形折弯、镜像复制特征等工具。该模型的基本制作过程如图1-117所示。

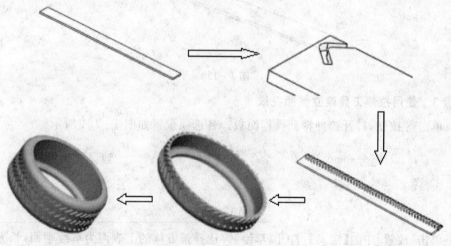

图1-117

步骤1　建立新文件

(1)单击工具栏中的 按钮,在弹出的〖新建〗对话框中选择"零件"类型,并选中"使用缺省模板"选项,在〖名称〗栏输入新建文件名"1-7"。

(2)单击〖新建〗中的【确定】,进入零件设计工作界面。

步骤2　使用拉伸工具建立轮胎基体

(1)单击 按钮,打开拉伸特征操作面板。各选项设置如图1-118所示。

图 1-118

(2) 单击〖放置〗面板中的【定义】按钮，打开〖草绘〗对话框。选择 FRONT 基准面为草绘平面，RIGHT 基准面为视图方向参照。

(3) 单击【草绘】按钮，进入草绘工作环境。绘制如图 1-119 所示的拉伸截面。

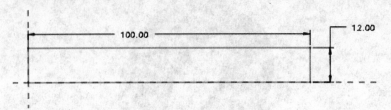

图 1-119

(4) 单击 ✓ 按钮，返回拉伸特征操作面板，单击 ✓ 按钮，完成拉伸特征的建立，如图 1-120 所示。

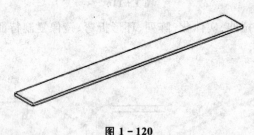

图 1-120

步骤 3 使用拉伸工具建立轮胎花纹

(1) 单击 按钮，打开拉伸特征操作面板。各选项设置如图 1-121 所示。

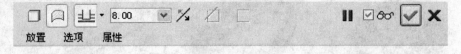

图 1-121

(2) 单击〖放置〗中的【定义】，打开〖草绘〗。选择长方体的上表面为草绘平面，长方体的一个侧面为视图方向参照。

(3) 单击【草绘】，进入草绘工作环境。绘制如图 1-122 所示的拉伸截面。

(4) 单击 ✓ 按钮，返回拉伸特征操作面板，单击 ✓ 按钮，完成拉伸特征的建立，如图 1-123 所示。

步骤 4 用实体化工具切割出轮胎花纹

(1) 选择步骤 3 建立的曲面特征，然后单击菜单【编辑】→【实体化】，打开实体化特征操作面板，选择切割方式，如图 1-124 所示。

(2) 调整特征生成方向，单击 ✓ 按钮，切割出轮胎花纹，如图 1-125 所示。

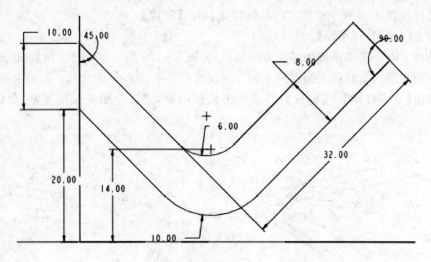

图 1-122

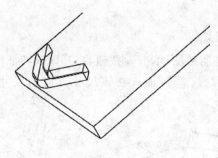

图 1-123

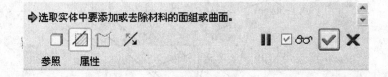

图 1-124

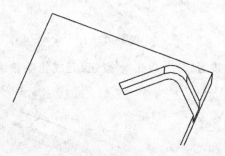

图 1-125

步骤 5 复制轮胎花纹

(1) 单击菜单【编辑】→【特征操作】，打开〖特征〗。

(2) 依次单击【复制】→【移动】→【选取】→【独立】→【完成】。

(3) 选择步骤3、步骤4中建立的花纹特征,单击【完成】。

(4) 单击【平移】→【平面】。

(5) 选择FRONT基准面为移动方向参照,如图1-126所示,单击【正向】确认此方向。

(6) 在消息输入窗口输入偏移尺寸为"25"。

(7) 单击【完成移动】→【完成】,然后单击鼠标中键,完成轮胎花纹的复制,如图1-127所示。

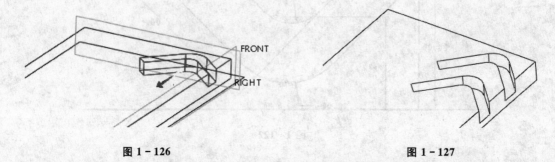

图1-126　　　　　　　　　　　图1-127

步骤6　阵列复制轮胎花纹

(1) 选择步骤5建立的复制特征,单击▦按钮,打开阵列特征操作面板。

(2) 选择模型中显示的尺寸"25",输入在该尺寸方向的尺寸增量为"25",如图1-128所示。

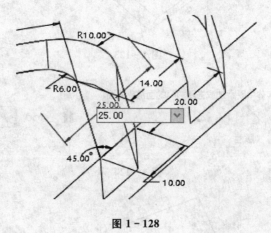

图1-128

(3) 输入阵列子特征个数为"47",单击✓按钮,完成轮胎花纹的阵列复制,如图1-129所示。

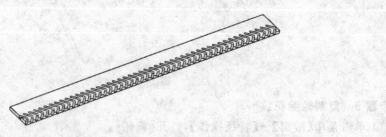

图1-129

步骤 7　建立环形折弯特征

(1) 单击菜单【插入】→【高级】→【环形折弯】。

(2) 在〖选项〗菜单中选择【360】→【曲线折弯收缩】→【完成】,如图 1-130 所示。

(3) 系统提示选取弯曲对象,在图形窗口选取长方体。

(4) 单击〖定义折弯〗菜单中的【完成】,系统提示用户选择草绘平面。

(5) 选取图 1-131 中鼠标指示的平面为草绘平面。

图 1-130

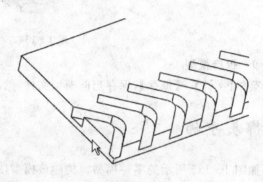

图 1-131

(6) 单击〖方向〗中的【正向】,接受系统默认的视图方向。

(7) 在草绘环境中使用 按钮,建立一参照坐标系,然后绘制如图 1-132 所示的一条曲线。

(8) 单击 按钮。系统提示选取两平行面以定义弯曲长度,分别选取长方体的两个端面。

(9) 完成后的模型如图 1-133 所示。

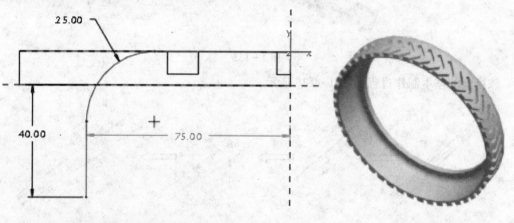

图 1-132　　　　　　　　　　　图 1-133

步骤 8　镜像复制轮胎模型

(1) 选中整个模型,然后单击 按钮,打开镜像特征操作面板。

(2) 选择 RIGHT 基准面为镜像平面。单击 按钮,完成轮胎模型的镜像复制,如图 1-134 所示。

图 1-134

步骤 9　保存模型

单击菜单【文件】→【保存】,保存当前模型文件,然后关闭当前工作窗口。

1.8　榔头手柄

建立如图 1-135 所示的零件模型。构建该模型使用拉伸、孔、阵列、可变剖面扫描等建模工具。

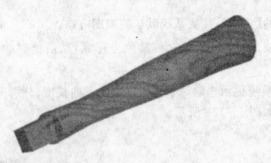

图 1-135

该模型的基本制作过程如图 1-136 所示。

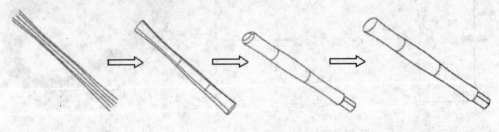

图 1-136

步骤 1　建立新文件

(1) 单击工具栏中的 按钮,在弹出的〖新建〗中选择"零件"类型,并选中"使用缺省模板"选项,在〖名称〗栏输入新建文件名"1-8"。

(2) 单击〖新建〗对话框中的【确定】按钮,进入零件设计工作界面。

步骤 2　建立第 1 条草绘基准曲线

(1) 单击特征工具栏中的 按钮,打开〖草绘〗。

(2) 选择 FRONT 基准面为草绘平面,TOP 基准面为视图方向参照,单击【草绘】,进入草绘工作环境。

(3) 绘制如图 1-137 所示的图形。

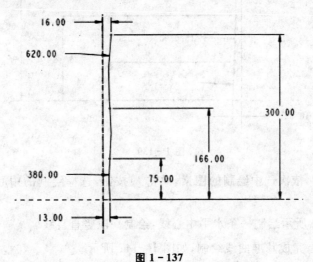

图 1-137

(4) 按下 Ctrl 键,依次选中绘制的图素,单击 按钮,选择绘制的中心线,镜像复制选定的图素,结果如图 1-138 所示。

(5) 单击 按钮,完成基准曲线绘制。

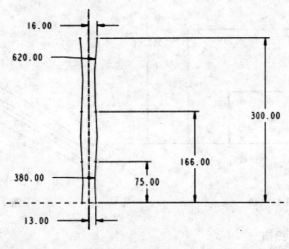

图 1-138

步骤 3　建立第 2 条草绘基准曲线

(1) 单击特征工具栏中的 按钮,打开〖草绘〗。

(2) 选择 RIGHT 基准面为草绘平面,TOP 基准面为视图方向参照,单击【草绘】,进入草绘工作环境。

(3) 绘制如图 1-139 所示的图形。

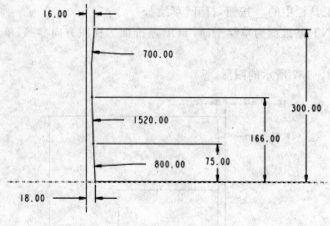

图 1-139

(4) 按下 Ctrl 键，依次选中绘制的图素，单击 按钮，选择绘制的中心线，镜像复制选定的图素。

(5) 如图 1-140 所示绘制一条水平中心线，绘制一段竖直直线。

(6) 单击 按钮，完成基准曲线绘制，如图 1-141 所示。

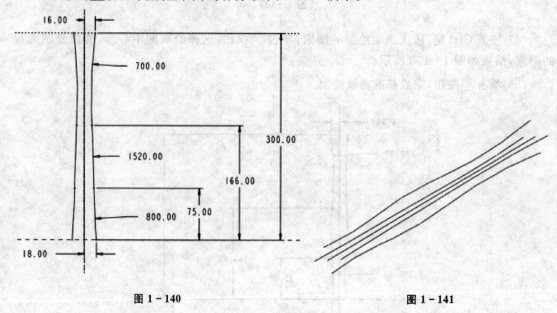

图 1-140　　　　　　　　　　图 1-141

步骤 4　可变剖面扫描

(1) 单击特征工具栏中的 按钮，打开可变剖面扫描特征操作面板，并选中为实体类型，如图 1-142 所示。

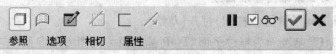

图 1-142

(2) 选择曲线中的直线段为原始轨迹,如图 1-143 所示。

(3) 按下 Ctrl 键,依次选择其他 4 条曲线为扫描轮廓线,如图 1-144 所示。

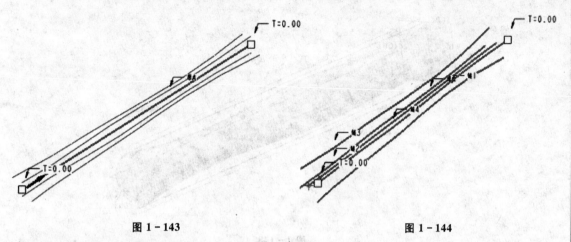

图 1-143　　　　　　　　　　　　图 1-144

(4) 单击 按钮,进入草绘工作环境,绘制如图 1-145 所示的椭圆(应使用几何约束工具,保证椭圆的 4 个极点与原始轨迹端点重合)。

(5) 单击草绘工具栏中的 按钮返回特征操作面板,单击 按钮完成特征的建立,如图 1-146 所示。

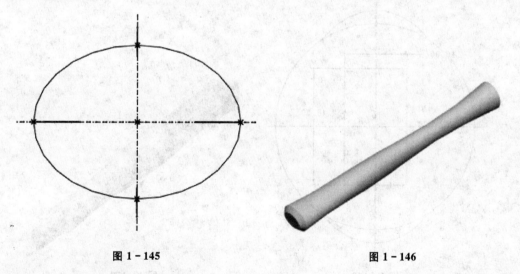

图 1-145　　　　　　　　　　　　图 1-146

步骤 5　拉伸切剪

(1) 单击特征工具栏中的 按钮,打开拉伸特征操作面板。选择实体、切剪方式,各选项相应设置如图 1-147 所示。

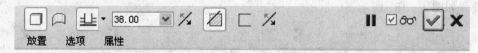

图 1-147

(2) 单击〖放置〗中的【定义】，系统显示〖草绘〗。如图 1-148 所示，选择模型的一个端面为草绘平面。

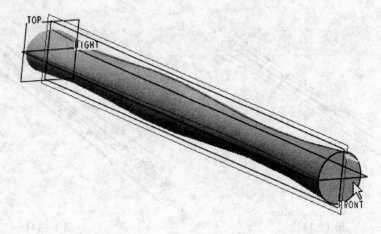

图 1-148

(3) 单击【草绘】，进入草绘工作环境，绘制如图 1-149 所示的拉伸截面。
(4) 单击草绘命令工具栏中的✔按钮，返回拉伸特征操作面板，调整材料的切除方向，单击✔按钮，完成特征的建立，结果如图 1-150 所示。

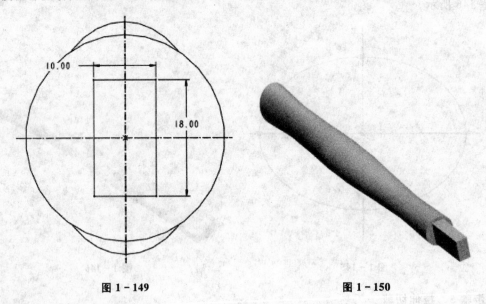

图 1-149　　　　　　　　　　　图 1-150

步骤 6　拉伸切剪

(1) 单击特征工具栏中的按钮，打开拉伸特征操作面板。选择实体、切剪方式，各选项相应设置如图 1-151 所示。

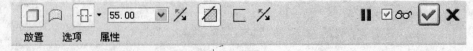

图 1-151

（2）单击〖放置〗面板中的【定义】，系统显示〖草绘〗对话框。如图1-152所示，选择RIGHT基准面为草绘平面。

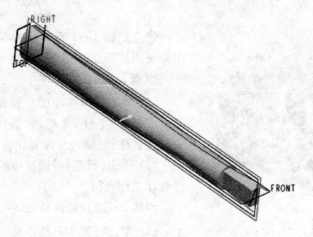

图1-152

（3）单击【草绘】按钮，进入草绘工作环境，如图1-153所示绘制一斜线段。

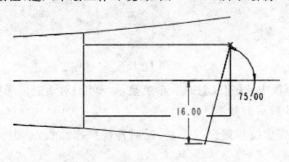

图1-153

（4）单击草绘命令工具栏中的✓按钮，返回特征操作面板，调整材料的切除方向，单击✓按钮，完成特征的建立，结果如图1-154所示。

步骤7　建立圆角、倒角

分别使用倒圆角工具和倒角工具建立如图1-155所示的圆角和倒角。

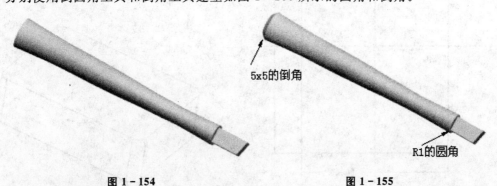

图1-154　　　　　　　　　　图1-155

步骤8　保存文件

单击菜单【文件】→【保存】，保存当前模型文件，然后关闭当前工作窗口。

1.9 笔座

图1-156

建立如图1-156所示的零件模型,构建该模型主要使用拉伸、剖面圆顶、阵列特征等建模工具。

步骤1　建立新文件

(1) 单击工具栏中的 按钮,在弹出的〖新建〗对话框中选择"零件"类型,并选中"使用缺省模板"选项,在〖名称〗栏输入新建文件名"1-9"。

(2) 单击〖新建〗对话框中的【确定】按钮,进入零件设计工作界面。

步骤2　建立拉伸特征

(1) 单击特征工具栏中的 按钮,打开拉伸特征操作面板,设定拉伸尺寸为"38",其他选项设置如图1-157所示。

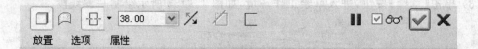

图1-157

(2) 单击〖放置〗面板中的【定义】按钮,系统显示〖草绘〗对话框。选择TOP基准面为草绘平面,绘制如图1-158所示的截面。

(3) 单击 按钮,完成拉伸截面的绘制,返回特征操作面板,单击 按钮,完成拉伸特征建立,如图1-159所示。

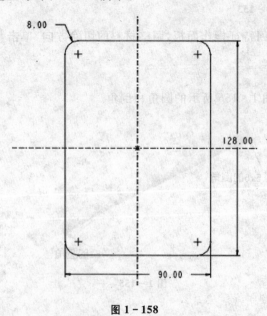

图1-158

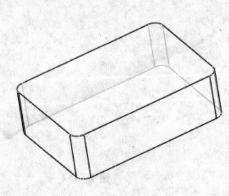

图1-159

步骤3　建立剖面圆顶特征

（1）单击菜单【插入】→【高级】→【剖面圆顶】→【混合】|【无轮廓】|【完成】。
（2）系统提示"选取圆顶的曲面"，选择长方体的上表面，如图1-160所示。
（3）系统提示"选取或创建一个草绘平面"，选择长方体的一个侧面，如图1-161所示。

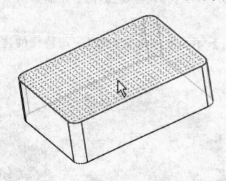

图1-160

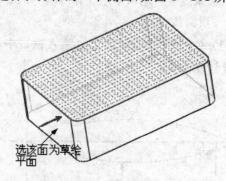

图1-161

（4）单击【正向】→【缺省】选项，进入草绘工作环境，如图1-162所示。
（5）绘制如图1-163所示的一段圆弧。

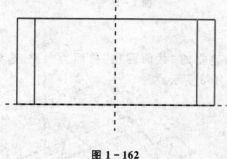

图1-162

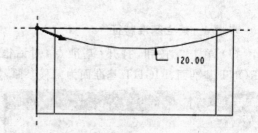

图1-163

（6）单击✓按钮，系统显示【偏距】菜单，单击【输入值】选项，在消息输入窗口输入当前截面与下一个截面间的距离为"64"。
（7）系统重新返回草绘工作环境，如图1-164所示选定尺寸参照，然后绘制如图1-165所示的一段圆弧（注意：起始点的位置应如图1-165所示）。

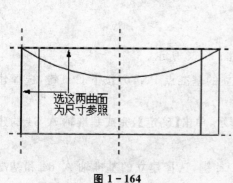

图1-164

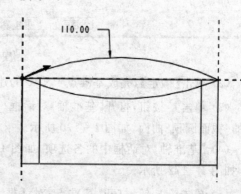

图1-165

(8) 单击 ✓ 按钮，系统提示"继续下一截面吗？"，单击【是】。

(9) 单击【偏距】菜单中的【输入值】选项，在消息输入窗口输入当前截面到下一个截面间的距离"64"。

(10) 系统重新返回草绘工作环境，如图 1-164 所示选择尺寸参照，然后绘制如图 1-166 所示的一段圆弧。

(11) 单击 ✓ 按钮，单击消息输入窗口中的【否】，不再绘制混合剖面，完成特征的建立如图 1-167 所示。

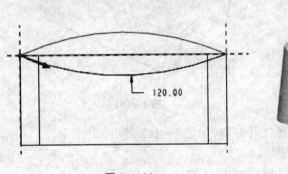

图 1-166

图 1-167

步骤 4　建立基准特征

(1) 单击 按钮，打开【基准点】对话框。选择建立的"截面圆顶"曲面为参照，选择 FRONT 基准面、RIGHT 基准面为偏移参照，如图 1-168 所示。

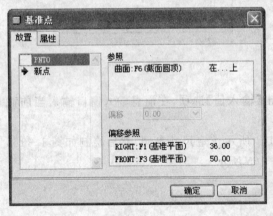

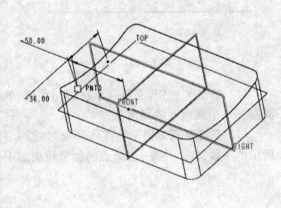

图 1-168

(2) 单击【确定】，完成基准点 PNT0 的建立，如图 1-169 所示。

(3) 单击 按钮，打开【基准轴】对话框。选择建立的基准点 PNT0，按下 Ctrl 键，选择建立的"截面圆顶"曲面，如图 1-170 所示。

(4)【基准轴】对话框中的各选项，如图 1-171 所示，单击【确定】，完成基准轴 A_84 的建立，如图 1-172 所示。

(5) 单击 按钮，打开【基准点】对话框。按下 Ctrl 键，选择建立的基准轴 A_84 和基准点 PNT0。

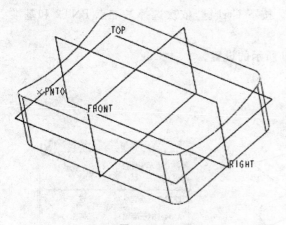
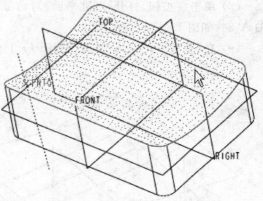

图 1-169　　　　　　　　　　　　图 1-170

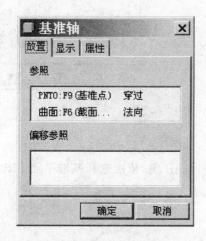
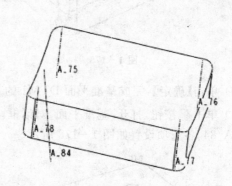

图 1-171　　　　　　　　　　　　图 1-172

(6) 在〖基准点〗对话框进行如图 1-173 所示的设置。
(7) 单击【确定】,完成基准点 PNT2 的建立,如图 1-174 所示。

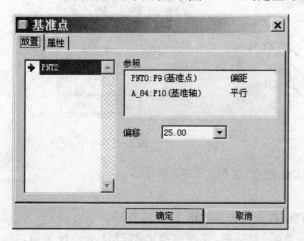
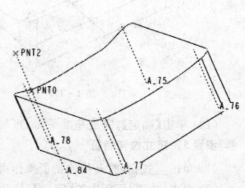

图 1-173　　　　　　　　　　　　图 1-174

(8)单击□按钮,打开〖基准平面〗对话框。按下 Ctrl 键,依次选择基准点 PNT2 和基准轴 A_84,如图 1-175 所示。

(9)在〖基准平面〗对话框进行如图 1-176 所示的设置。

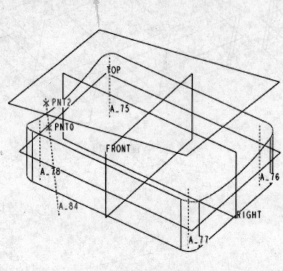

图 1-175

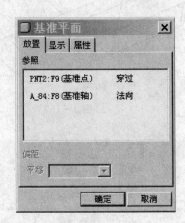

图 1-176

(10)单击【确定】,完成基准平面 DTM1 的建立,如图 1-177 所示。

(11)单击□按钮,打开〖基准平面〗对话框。按下 Ctrl 键,依次选择基准平面 FRONT 和基准轴 A_84,各选项设置如图 1-178 所示。

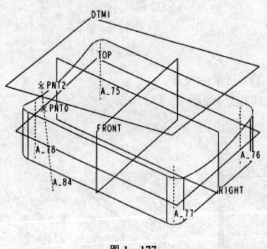

图 1-177

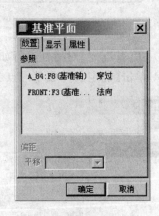

图 1-178

(12)单击【确定】,完成基准平面 DTM2 的建立,如图 1-179 所示。

步骤 5 建立拉伸特征

(1)单击□按钮,打开拉伸特征操作面板,各选项设置如图 1-180 所示。

(2)单击〖放置〗面板中的【定义】,打开〖草绘〗对话框,选择基准面 DTM1 为草绘平面,基准面 DTM2 为视图方向参照,单击【草绘】,进入草绘工作环境。

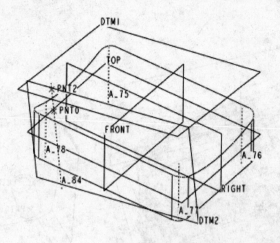

图 1-179

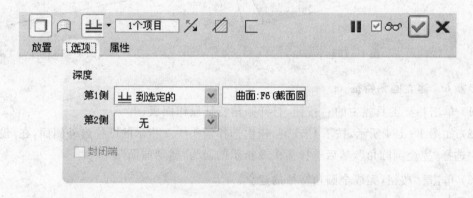

图 1-180

(3) 选择基准轴 A_84 为尺寸参照,绘制如图 1-181 所示的两个同心圆。

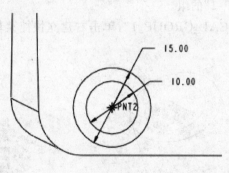

图 1-181

(4) 单击 ✓ 按钮,完成草图绘制返回拉伸特征操作面板,选择剖面圆顶曲面为拉伸终止面,如图 1-182 所示。

(5) 单击 ✓ 按钮,完成特征的建立,结果如图 1-183 所示。

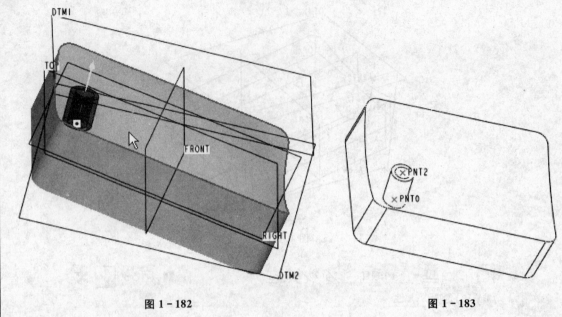

图 1-182   图 1-183

步骤 6 建立圆角特征

(1) 单击特征工具栏中的 按钮,打开圆角特征操作面板。

(2) 如图 1-184 所示,按下 Ctrl 键,依次选择箭头 1、2 指示的圆柱内外侧面,在【设置】选项卡中选择"完全倒圆角",然后选择箭头 3 指示的面为"驱动曲面"。

(3) 单击 按钮,完成全圆角特征的建立。

步骤 7 建立组

(1) 在模型树中同时选中图 1-185 所示的特征,右击弹出的快捷菜单的【组】选项,建立一个名为"LOCAL_GROUP_1"的组。

(2) 在模型树选中"LOCAL_GROUP_1",单击右建立快捷菜单的【重命名】选项,把该组命名为"S1"。

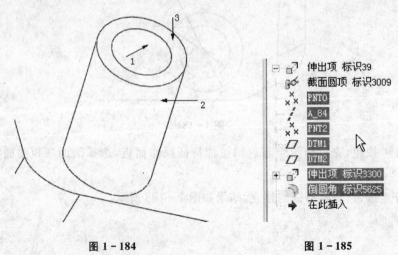

图 1-184   图 1-185

步骤8 阵列组

（1）在模型树中选中步骤7建立的组,单击阵列工具 按钮,打开阵列特征操作面板,模型中显示特征的尺寸,如图1-186所示。

（2）选择尺寸"50"作为第1方向的阵列尺寸,在弹出的文本框中输入在该方向上的尺寸增量为"-25",如图1-187所示。

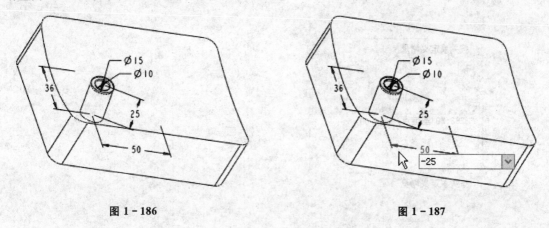

图1-186   图1-187

（3）打开〖尺寸〗面板,激活〖方向2〗栏,如图1-188所示。

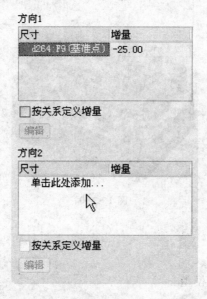

图1-188

（4）选择尺寸"36",在弹出的文本栏中输入在该方向的尺寸增量为"-24"。

（5）明确第一方向阵列个数为"5",第二方向阵列个数为"4",如图1-189所示。

（6）单击 按钮,完成特征建立,如图1-190所示。

步骤9 保存文件

单击菜单【文件】→【保存】命令,保存当前模型文件,然后关闭当前工作窗口。

提示:零件建模系统默认状态不开启【剖面圆顶】命令,读者应在配置文件中添加如下设置:将"allow_anatomic_features"的值设置为"Yes"即可开启【剖面圆顶】命令。

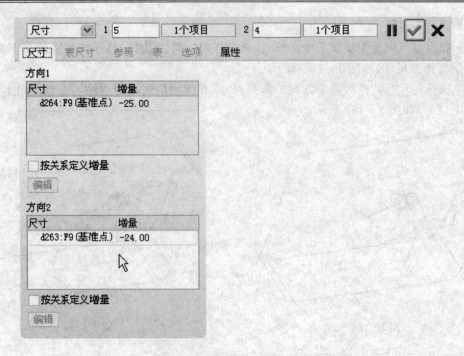

图 1-189

图 1-190

1.10 机器底座

建立如图 1-191 所示的模型。

图 1-191

构建该模型主要使用拉伸特征、孔特征、用户定义特征(UDF)等工具来完成模型的建立。其基本操作过程如图 1-192 所示。

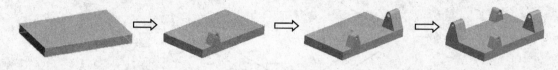

图 1-192

步骤 1　建立新文件

(1) 单击 按钮，打开〖新建〗对话框。

(2) 选择零件类型，在名称栏中输入新建文件名称："udf001"。

(3) 单击【确定】，进入零件设计工作环境。

步骤 2　使用拉伸工具建立底板特征

(1) 单击 按钮，打开拉伸特征面板。

(2) 选择实体，拉伸深度为"10"，如图 1-193 所示。

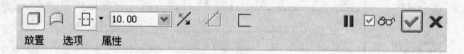

图 1-193

(3) 单击〖放置〗面板中的【定义】，打开〖草绘〗对话框。

(4) 选择 TOP 基准平面为草绘平面，RIGHT 基准面为参考。

(5) 单击【草绘】，进入草绘工作环境。

(6) 绘制如图 1-194 所示的拉伸截面。

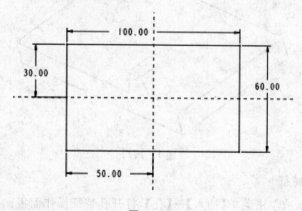

图 1-194

(7) 单击 按钮完成特征的建立。

步骤 3　使用拉伸工具建立凸台特征

(1) 单击 按钮，打开拉伸特征面板。选择实体，拉伸深度为"10"。

(2) 单击〖放置〗面板中的【定义】按钮，打开〖草绘〗对话框。

(3) 选择如图 1-195 鼠标指示的侧平面为草绘平面，底面为参考平面。

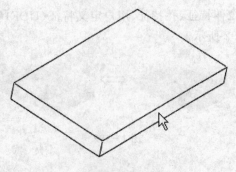

图 1-195

（4）单击【草绘】，进入草绘工作环境，绘制如图 1-196 所示的拉伸截面。

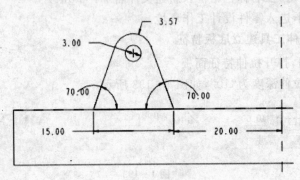

图 1-196

（5）单击 ✓ 按钮完成特征建立，结果如图 1-197 所示。

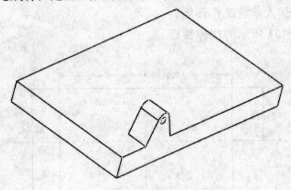

图 1-197

步骤 4　创建孔特征

（1）单击 按钮，或单击菜单【插入】→【孔】，打开孔特征操作面板。

（2）接受系统默认的"简单孔"模式。

（3）输入孔径为"4.5"，孔深为"3"。

（4）单击【放置】按钮，打开放置选项卡，选取如图 1-198 鼠标所示平面为孔放置平面，放置类型为"同轴"。

（5）按着 CTRL 键，选取基准轴线 A_3。

（6）单击 ✓ 按钮完成孔特征的建立。

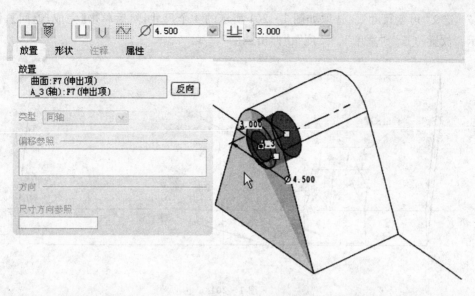

图 1-198

步骤 5 创建 UDF

(1) 单击菜单【工具】→【UDF 库】,打开《UDF》菜单,如图 1-199 所示。

(2) 选取【创建】,在系统提示栏输入名称"Flange01"。

(3) 在弹出的菜单中,选取【单一的】→【完成】。

(4) 在"是否包括参照零件"的消息输入窗口中选择【是】。

(5) 选取步骤 3 和步骤 4 所创建的凸台特征和孔特征,然后单击【完成/返回】。

(6) 按照系统加亮参照的顺序,依次输入参照的提示为"草绘平面"、"底面参照"、"侧参照"、"水平参照"。然后单击【完成/返回】。如图 1-200 所示。

图 1-199

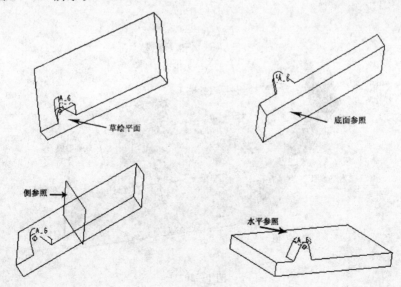

图 1-200

(7) 定义"可变尺寸"。选取如图 1-201 所示的 4 个尺寸,然后单击【完成/返回】,依次输入提示:"放置位置"、"宽度"、"弧度"、"伸出长度"。

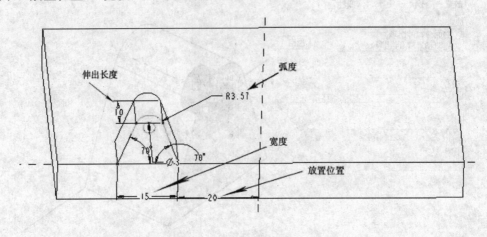

图 1-201

(8) 单击【确定】→【完成/返回】,完成 UDF 库的创建。

步骤 6　放置第 1 个自定义特征

(1) 单击菜单【插入】→【用户定义特征】,打开 flange01.gph,在系统打开的提示框中选择【否】,不打开 UDF 文件。

(2) 选择【独立】→【完成】。

(3) 选择【相同尺寸】→【完成】。

(4) 输入"伸出长度"为"15"、输入"宽度"为"20"、输入"放置位置"为"10"、输入"弧度"为"3.57"。

(5) 选择【法向】,然后单击【完成】。

(6) 根据提示选取放置特征的参照,(底面参照选取的是 TOP 基准平面),如下图 1-202 所示。

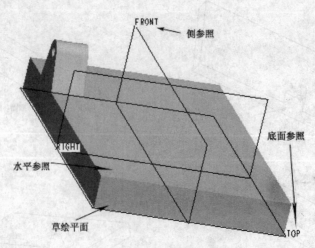

图 1-202

(7) 单击【确定】,完成自定义特征的放置,如图1-203所示。

图1-203

步骤7 放置第2个自定义特征

(1) 单击菜单【插入】→【用户定义特征】,打开"flange01.gph"文件,在系统打开的提示框中选择【否】,不打开UDF文件。

(2) 选择【独立】→【完成】。

(3) 选择【相同尺寸】→【完成】。

(4) 不改变"可变尺寸"的数值,在出现尺寸输入的信息窗口时按Enter键即可。

(5) 选择【法向】,然后单击【完成】。

(6) 根据提示选取放置特征的参照(底面参照选取的是TOP基准平面),如图1-204所示(为操作方便,此图把步骤6放置的特征隐含了)。

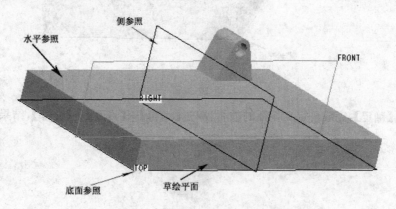

图1-204

(7) 单击【确定】,完成自定义特征的放置,如下图1-205所示。

图1-205

步骤8　放置第3个自定义特征

（1）单击菜单【插入】→【用户定义特征】,打开"flange01.gph"文件,选择【否】,不打开UDF文件。

（2）选择【独立】→【完成】。

（3）选择【相同尺寸】→【完成】。

（4）输入"伸出长度"为"15"、输入"宽度"为"20"、输入"放置位置"为"10"、输入"弧度"为"3.57"。

（5）选择【法向】,然后单击【完成】。

（6）根据提示选取放置特征的参照,(底面参照选取的是TOP基准平面),如下图1-206所示(此图把步骤6、7放置的特征都隐含了)。

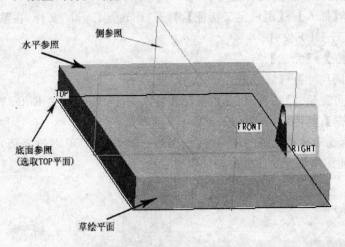

图1-206

（7）单击【确定】,完成自定义特征的放置,单击【编辑】→【恢复】→【全部】,结果如图1-207所示。

图1-207

步骤9　保存模型

单击菜单【文件】→【保存】命令,保存当前建立的零件模型。

第 2 章 复杂模型设计实例

本章精选一些有特点、有代表性、较为复杂的建模实例,帮助读者提高用 Pro/E 构建三维零件模型的实战能力。

2.1 扳 手

建立如图 2-1 所示的零件模型。

图 2-1

构建该模型主要使用拉伸特征、镜像复制、草绘基准曲线、骨架折弯工具,该模型的基本制作过程如图 2-2 所示。

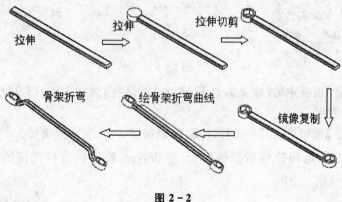

图 2-2

步骤 1　建立新文件

(1) 单击工具栏中的 按钮,在弹出的〖新建〗对话框中选择"零件"类型,并选中"使用缺省模板"选项,在〖名称〗栏输入新建文件名"2-1"。

(2) 单击〖新建〗对话框中的【确定】按钮,进入零件设计工作界面。

步骤 2　建立第 1 个拉伸特征

(1) 单击 按钮,打开拉伸特征操作面板,各选项设置如图 2-3 所示。

(2) 单击〖放置〗面板中的【定义】,打开〖草绘〗对话框。选择 RIGHT 基准面为草绘平面,FRONT 基准面为参照。

图 2-3

(3) 单击【草绘】进入草绘工作环境,绘制如图 2-4 所示的图形。

(4) 单击 ✓ 按钮,返回拉伸特征操控板,单击 ✓ 按钮,完成拉伸特征的建立,如图 2-5 所示。

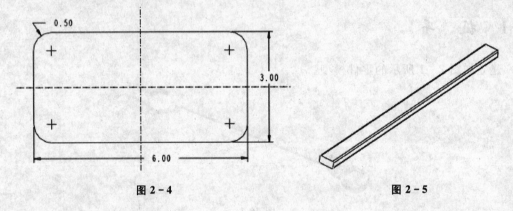

图 2-4　　　　　　　　　　　　图 2-5

步骤 3　建立第 2 个拉伸特征

(1) 单击 按钮,打开拉伸特征操作面板,各选项设置如图 2-6 所示。

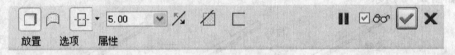

图 2-6

(2) 单击〖放置〗面板中的【定义】,打开〖草绘〗对话框,选择 RIGHT 基准面为草绘平面,FRONT 基准面为参照。

(3) 单击【草绘】按钮进入草绘工作环境,绘制如图 2-7 所示的图形。

(4) 单击 ✓ 按钮,返回拉伸特征操控板,单击 ✓ 按钮完成拉伸特征的建立,如图 2-8 所示。

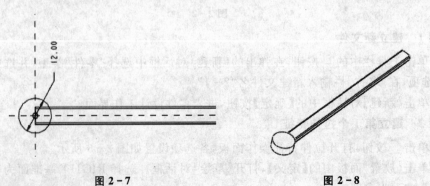

图 2-7　　　　　　　　　　　　图 2-8

步骤 4　建立第 3 个拉伸特征

(1) 单击 按钮,打开拉伸特征操控板,各选项设置如图 2-9 所示。

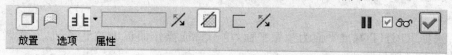

图 2-9

(2) 单击〖放置〗面板中的【定义】,打开〖草绘〗。选择 TOP 基准面为草绘平面,FRONT 基准面为参照。

(3) 单击【草绘】进入草绘工作环境,绘制如图 2-10 所示的图形。

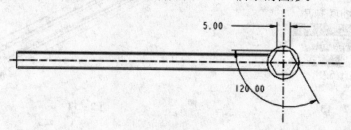

图 2-10

(4) 单击 按钮,返回拉伸特征操作面板,调整材料的移出方向,单击 按钮完成拉伸特征的建立,如图 2-11 所示。

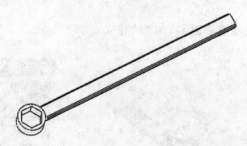

图 2-11

步骤 5　建立圆角

(1) 单击 按钮(或单击菜单【插入】→【倒圆角】命令),打开圆角特征操作面板。

(2) 选择图 2-12 中箭头指示的边线建立半径为"0.5"的圆角。

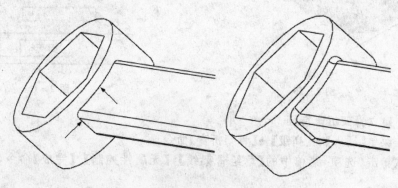

图 2-12

步骤6 镜像复制

（1）在模型树中，按下 Ctrl 键，同时选中如图 2-13 所示的特征，单击 按钮，打开镜像特征操作面板。

（2）选择 RIGHT 基准平面为镜像平面，单击特征操作面板中的 按钮，完成镜像复制，结果如图 2-14 所示。

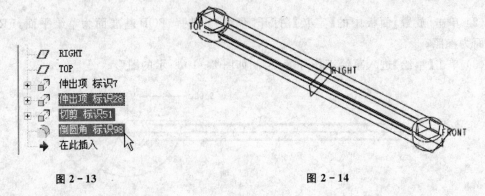

图 2-13   图 2-14

步骤7 建立基准平面 DTM1

（1）单击特征工具栏中的 按钮，打开〖基准平面〗对话框。

（2）如图 2-15 所示选择箭头指示的圆柱面和长方体侧面，并设置如图 2-16 所示的选项。

（3）单击【确定】，完成基准平面 DTM1 的建立。

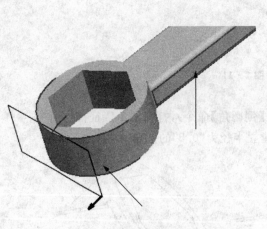
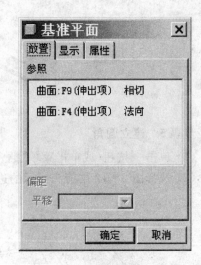

图 2-15   图 2-16

步骤8 建立骨架折弯特征

（1）单击菜单【插入】→【高级】→【骨架折弯】命令。

（2）依次单击〖选项〗菜单中的【草绘骨架线】|【无属性控制】|【完成】命令，如图 2-17 所示。

（3）系统提示"选取要折弯的一个面组或实体"。

（4）选择长方体较宽的一个侧面，系统提示"选择草绘平面"。

（5）选择 FRONT 基准面为草绘平面，接受系统默认的视图参照，绘制如图 2-18 所示的弯曲曲线。

（6）完成弯曲曲线的绘制，单击草绘工具栏中的 ✓ 按钮，系统提示"指定要定义折弯量的平面"，选择建立的基准平面 DTM1，结果如图 2-19 所示。

图 2-17

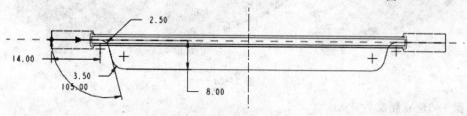

图 2-18

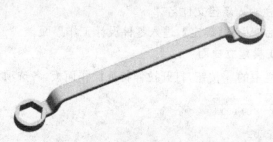

图 2-19

步骤 9　保存文件

单击菜单【文件】→【保存】，保存当前模型文件。

2.2　鞋子造型

建立如图 2-20 所示的零件模型。构建该模型主要使用拉伸、曲面合并、边界混合、曲面偏移特征等建模工具。

图 2-20

该模型的基本制作过程如图 2-21 所示。

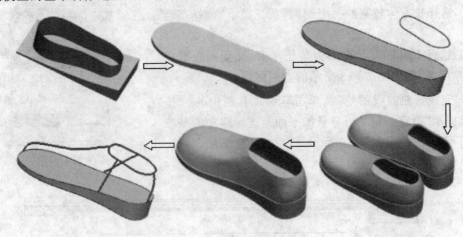

图 2-21

步骤 1　建立新文件

(1) 单击工具栏中的 按钮,在弹出的〖新建〗对话框中选择"零件"类型,并选中"使用缺省模板"选项,在〖名称〗栏输入新建文件名"2-2"。

(2) 单击〖新建〗对话框中的【确定】,进入零件设计工作界面。

步骤 2　使用拉伸工具建立曲面

(1) 单击特征工具栏中的 按钮,打开拉伸特征操作面板,各选项设置如图 2-22 所示。

图 2-22

(2) 单击〖放置〗面板中的【定义】,打开〖草绘〗,选择 TOP 基准面为草绘平面,RIGHT 基准面为视图方向参照。

(3) 单击【草绘】按钮,进入草绘工作环境。

(4) 使用样条线工具绘制如图 2-23 所示的拉伸截面,单击 按钮,完成拉伸截面的绘制。

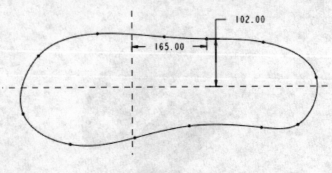

图 2-23

(5) 调整特征生成方向,单击 ✓ 按钮,完成拉伸特征建立,如图 2-24 所示。

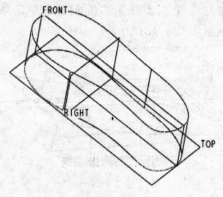

图 2-24

步骤 3 使用拉伸工具建立曲面

(1) 单击特征工具栏中的 按钮,打开拉伸特征操作面板,各选项设置如图 2-25 所示。

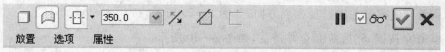

图 2-25

(2) 单击〖放置〗面板中的【定义】按钮,打开〖草绘〗对话框,选择 FRONT 基准面为草绘平面,RIGHT 基准面为视图方向参照。

(3) 单击〖草绘〗中的【草绘】,进入草绘工作环境。

(4) 绘制如图 2-26 所示的拉伸截面,单击 ✓ 按钮,完成拉伸截面的绘制。

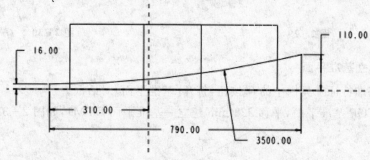

图 2-26

(5) 调整特征生成方向,单击 ✓ 按钮,完成拉伸特征建立,如图 2-27 所示。

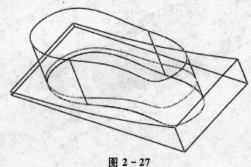

图 2-27

步骤4 建立相交曲线

按下 Ctrl 键,在模型树选中步骤2、步骤3建立的曲面,单击菜单【编辑】→【相交】命令,建立这两个曲面的相交曲线,如图2-28所示。

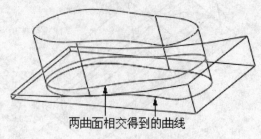

图 2-28

步骤5 曲面合并

(1) 按下 Ctrl 键,在模型树选中步骤2、步骤3建立的曲面,单击菜单【编辑】→【合并】命令,打开合并特征操作面板,接受系统默认设置(合并两个相交的面组)。

(2) 调整两曲面合并的特征生成方向,如图2-29所示。

(3) 单击 ✓ 按钮,完成曲面合并特征,如图2-30所示。

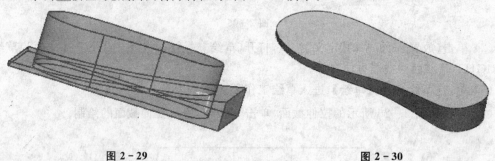

图 2-29　　　　　　　　　　　　　　图 2-30

步骤6 建立基准平面

(1) 单击基准特征工具栏中的 □ 按钮,打开〖基准平面〗对话框。

(2) 选择 TOP 基准平面,平移 228 mm 建立一基准平面 DTM1,如图2-31所示。

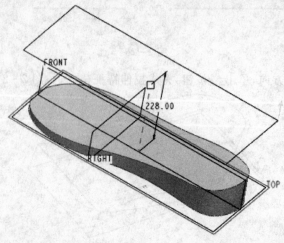

图 2-31

步骤7 建立曲线

(1) 单击基准特征工具栏中的 按钮,打开〖草绘〗对话框。

(2) 选择步骤6建立的基准面 DTM1 为草绘平面,RIGHT 基准面为视图方向参照。

(3) 单击【草绘】,进入草绘工作环境。

(4) 使用样条线工具绘制如图 2-32 所示的曲线。

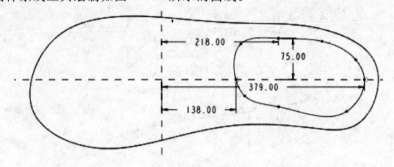

图 2-32

(5) 单击 按钮,完成曲线的建立,如图 2-33 所示。

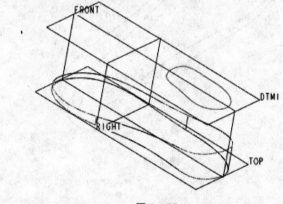

图 2-33

步骤8 建立基准点

(1) 单击基准特征工具栏中的 按钮,打开〖基准点〗对话框。

(2) 在图 2-34 中箭头指示的曲线上单击一点,设定该点的偏移比率为"0.05",建立基准点 PNT0。

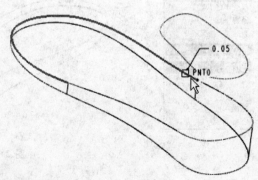

图 2-34

(3) 单击〖基准点〗对话框中的【新点】,以同样方式建立基准点 PNT1。

(4) 方法同上完成系列基准点的建立,如图 2-35 所示(为便于看清尺寸给出了两个不同视角的视图)。

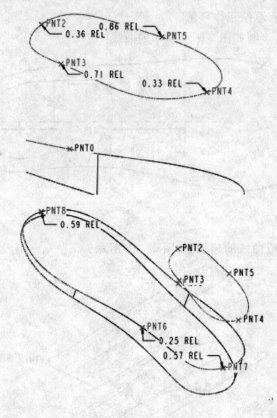

图 2-35

步骤 9　建立曲线

(1) 单击基准特征工具栏中的 ～ 按钮,打开〖曲线选项〗菜单,单击【经过点】→【完成】,在打开的〖连接类型〗菜单,单击【样条】|【整个阵列】|【增加点】,如图 2-36 所示。

(2) 如图 2-37 所示,选择基准点 PNT6、PNT3,单击〖连接类型〗菜单中的【完成】。

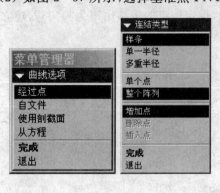

图 2-36

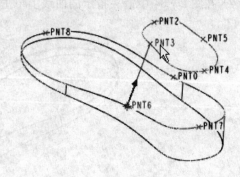

图 2-37

(3) 如图 2-38 所示,在〖曲线:通过点〗对话框中定义"扭曲"选项。

(4) 单击【定义】按钮,打开〖修改曲线〗对话框,如图 2-39 所示。

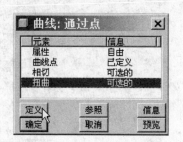

图 2-38　　　　　　　　　图 2-39

(5) 如图 2-40 所示,选择 PNT2-PNT6 曲线上一点,移动鼠标调整曲线形状。

提示:如果控制点较少,可单击 ～ 按钮,在〖造型点〗栏中单击【添加】,然后在曲线上即可添加新的插值点。

(6) 单击〖修改曲线〗对话框的 ✓ 按钮,完成曲线的调整,单击〖曲线:通过点〗对话框中的【确定】,完成曲线建立,如图 2-41 所示。

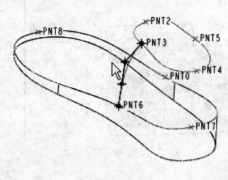

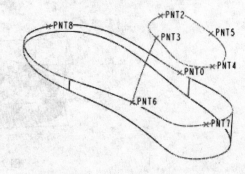

图 2-40　　　　　　　　　图 2-41

(7) 方法同上,在相应的基准点之间建立连接曲线,如图 2-42 所示。

步骤 10　建立边界混合曲面

(1) 单击菜单【插入】→【边界混合】命令,打开边界混合特征操作面板。

(2) 按下 Ctrl 键,选取图 2-43 中箭头指示的两条封闭曲线为第 1 方向曲线。

(3) 单击【曲线】,在打开面板的〖第二方向〗文本框,单击左键激活该栏目,确定第 2 方向的曲线

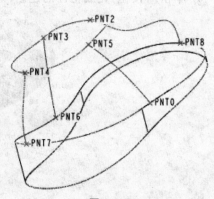

图 2-42

链。按下 Ctrl 键,依次选取图 2-44 中箭头指示的四条曲线为第 2 方向曲线。

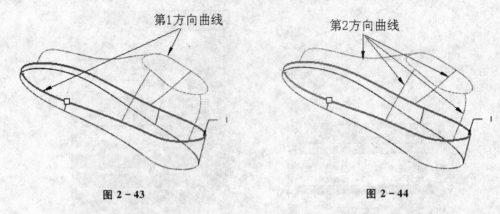

图 2-43　　　　　　　　　　　图 2-44

(4) 此时窗口状态如图 2-45 所示。

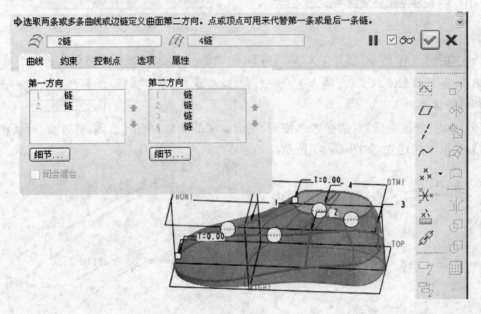

图 2-45

(5) 单击 按钮,完成特征的建立,如图 2-46 所示。

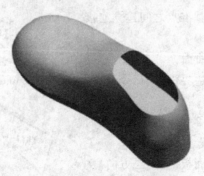

图 2-46

步骤 11 建立曲面偏移特征

（1）在选择过滤器栏中选择"几何"，选中如图 2-47 所示模型的几何曲面。

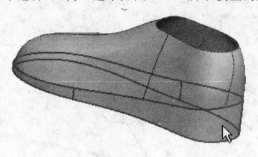

图 2-47

（2）单击菜单【编辑】→【偏移】，打开偏移特征操作面板，选择图 2-47 中箭头指示的几何面为偏移面，各选项及参数设置如图 2-48 所示。

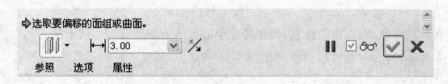

图 2-48

（3）曲面偏移方向调整为如图 2-49 所示。

（4）单击 ✓ 按钮，完成特征的建立，如图 2-50 所示。

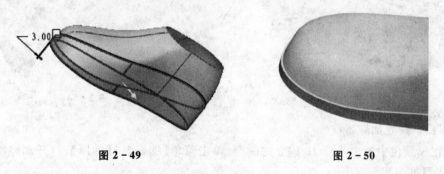

图 2-49　　　　　　　　　　图 2-50

步骤 12 使用拉伸工具切割曲面

（1）单击特征工具栏中的 按钮，打开拉伸特征操作面板，各选项设置如图 2-51 所示。

图 2-51

（2）选择步骤 10 建立的边界混合曲面为"要修剪的面组"。

（3）单击〖放置〗面板中的【定义】，打开〖草绘〗对话框，选择 FRONT 基准平面为草绘平面，RIGHT 基准面为视图方向参照。

(4)单击【草绘】,进入草绘工作环境,绘制如图 2-52 所示的一段样条线作为拉伸截面。

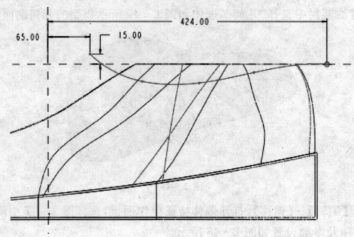

图 2-52

(5)单击 ✓ 按钮,完成草图绘制,调整特征生成方向为如图 2-53 所示。

(6)单击 ✓ 按钮,完成特征建立,如图 2-54 所示。

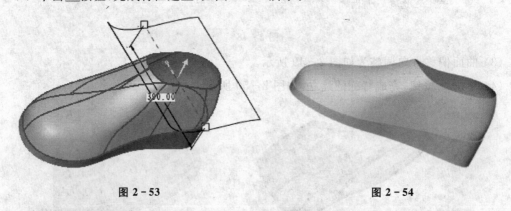

图 2-53   图 2-54

步骤 13　建立加厚特征

(1)在模型树中选中步骤 12 建立的曲面,单击菜单【编辑】→【加厚】,打开加厚特征操作面板,设定厚度为"2"。

(2)在〖选项〗面板选中"自动拟合",调整模型特征生成方向为如图 2-55 所示。

(3)单击 ✓ 按钮,完成特征建立,隐藏模型中的曲线,结果如图 2-56 所示。

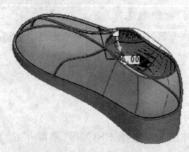 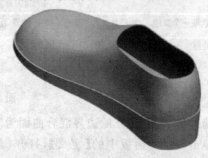

图 2-55   图 2-56

步骤 14 镜像复制模型

（1）建立一平行于 FRONT 基准平面且偏距为 140 的基准面 DTM2,如图 2-57 所示。

（2）在模型树选中"2-2.PRT",单击 按钮,打开镜像特征操作面板。

（3）选择基准平面 DTM2 为镜像平面,单击 按钮,完成模型的镜像复制,如图 2-58 所示。

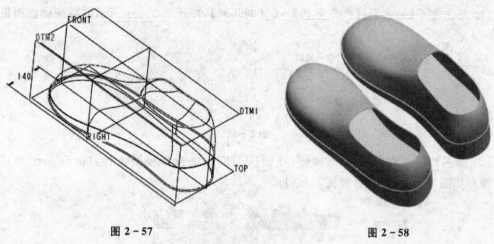

图 2-57

图 2-58

步骤 15 保存文件

单击菜单【文件】→【保存】,保存当前模型文件。

2.3 曲面上的文字

建立如图 2-59 所示的零件模型,实体文字放在曲面上。构建该模型需要使用从外部复制几何、曲面切剪、展平面组、实体折弯等建模工具。

该模型的基本制作过程如图 2-60 所示。

图 2-59

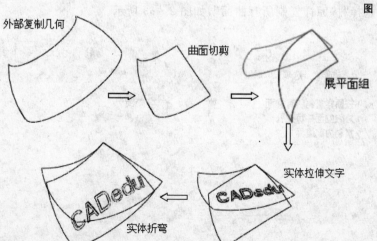

图 2-60

步骤1 建立新文件

(1) 单击工具栏中的□按钮,在弹出的〖新建〗对话框中选择"零件"类型,并选中"使用缺省模板"选项,在〖名称〗栏输入新建文件名"2-3"。

(2) 单击〖新建〗对话框中的【确定】,进入零件设计工作界面。

步骤2 从外部复制几何曲面

(1) 单击菜单【插入】→【共享数据】→【复制几何】,打开图2-61所示的特征操作面板。

图2-61

(2) 单击特征操作面板的 按钮,在〖打开〗窗口中选择模型文件:bottle.prt,单击【打开】,弹出如图2-62所示的〖放置〗对话框。

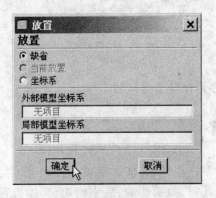

图2-62

(3) 接受系统默认设置,单击【确定】,以缺省位置放置模型。不选中发布几何按钮 ,在〖选项〗面板中选择"按原样复制所有曲面",如图2-63所示。

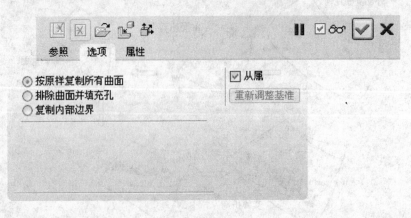

图2-63

(4) 系统以单独窗口显示该模型,如图 2-64 所示。

(5) 选取图 2-64 中鼠标指示的曲面,单击特征操作面板的 ☑ 按钮,完成曲面的复制,如图 2-65 所示。

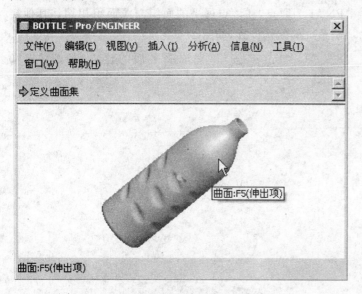

图 2-64　　　　　　　　　　　图 2-65

步骤 3　曲面修剪

(1) 选中步骤 2 建立的曲面,单击特征工具栏中的 ☐ 按钮,打开曲面修剪特征操作面板。

(2) 如图 2-66 所示,选择用 RIGHT 基准面修剪对象。

(3) 单击 ☑ 按钮,完成曲面修剪,如图 2-67 所示。

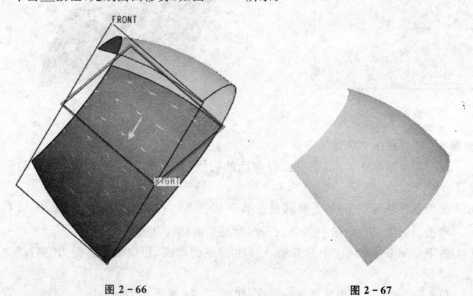

图 2-66　　　　　　　　　　　图 2-67

步骤 4　建立展平面组

(1) 首先使用基准点工具,在曲面的一个顶点建立基准点,如图 2-68 所示。

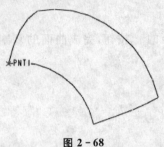

图 2-68

(2) 单击菜单【插入】→【高级】→【展平面组】,打开〖扁平面组〗窗口。

(3) 选择模型中的曲面为"源面组",选择基准点 PNT1 为原点,在该点展平的面组与源面组相切。其他接受系统的默认设置,如图 2-69 所示。

(4) 单击 ✓ 按钮,完成展平面的建立,如图 2-70 所示。

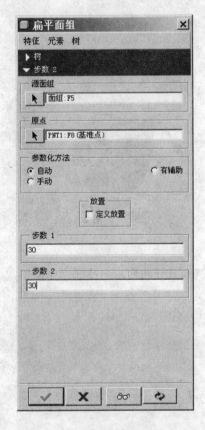

图 2-69

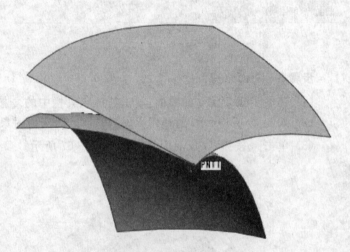

图 2-70

步骤 5 建立实体文字前的准备

(1) 使用创建基准点工具,通过选择曲面的边线,分别建立如图 2-71 所示的两个基准点:PNT2、PNT3。

(2) 使用创建基准轴工具,建立通过基准点 PNT2、PNT3 的基准轴,如图 2-72 所示。

(3) 单击特征工具栏中的 ▱ 按钮,打开〖基准平面〗对话框。

(4) 按下 Ctrl 键,分别选中基准轴 A_1 和展平的曲面,相应设置属性为"穿过"、"法向",如图 2-73 所示。

(5) 单击【确定】,完成基准平面的建立,如图 2-74 所示。

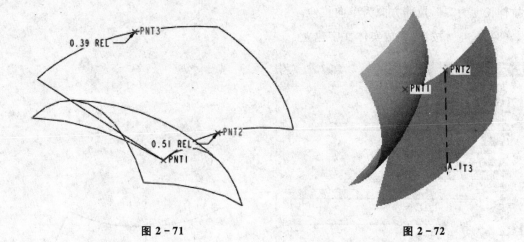

图 2-71　　　　　　　　　　　　图 2-72

图 2-73

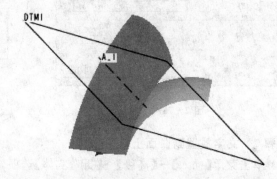

图 2-74

步骤6　建立实体文字

(1) 单击按钮，打开拉伸特征操作面板，单击〖放置〗中的〖定义〗，打开〖草绘〗对话框。

(2) 选择展平面为草绘平面，基准面DTM1为参照平面，如图2-75所示。

(3) 单击【草绘】按钮，进入草绘工作环境。

(4) 单击按钮，在图形窗口中通过确定两点定义文字高度和方向，同时打开〖文本〗对话框。

(5) 在〖文本行〗对应的文本框中输入文字:CADedu,设置字体属性如图2-76所示。

(6) 单击【确定】，完成文本的草绘，修改文本定位尺寸，完成文本绘制，如图2-77所示。

(7) 完成文字绘制，返回特征操作面板，设

图 2-75

定拉伸长度为"1",拉伸方向为单向拉伸。

(8) 单击 ✓ 按钮,完成实体文字建立。

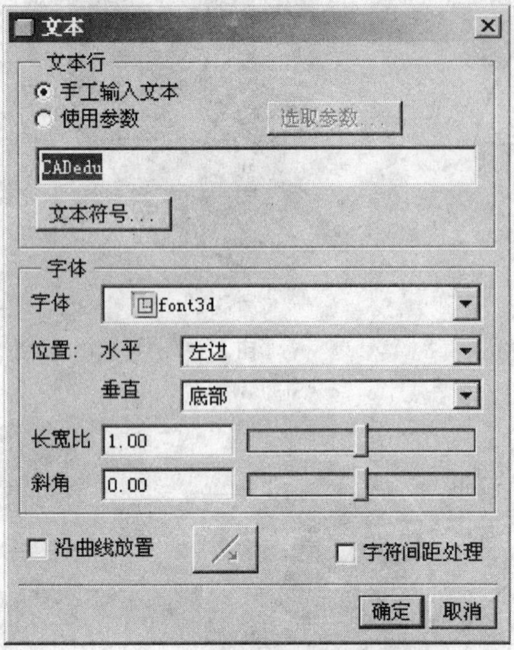

图 2-76

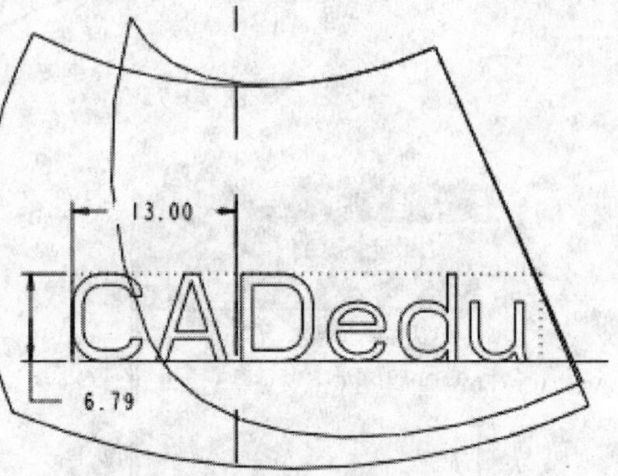

图 2-77

步骤 7　文字放置到曲面上

(1) 单击菜单【插入】→【高级】→【折弯实体】选项,打开〖实体折弯〗对话框。

(2) 在〖折弯选项〗栏中选择"折弯实体"。

(3) 选择建立的展平面组特征,单击【确定】,结果如图 2-78 所示。

(4) 在模型树中,右击"扁平面组标识 87"特征项,单击右键菜单中的【隐藏】,隐藏模型中的扁平面组特征,结果如图 2-79 所示。

图 2-78

图 2-79

步骤 8　保存文件

单击菜单【文件】→【保存】,保存当前模型文件,然后关闭当前工作窗口。

2.4 瓶盖造型

本例建立如图 2-80 所示的零件模型。构建该模型使用拉伸、抽壳、扫描、倒角、圆角等建模工具。

该模型的基本制作过程如图 2-81 所示。

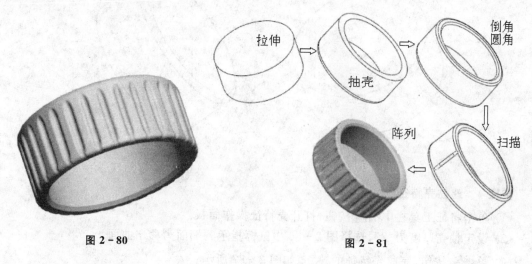

图 2-80　　　　　　　　　　　图 2-81

步骤 1　建立新文件

(1) 单击工具栏中的 按钮，在弹出的〖新建〗对话框中选择"零件"类型，并选中"使用缺省模板"选项，在〖名称〗栏输入新建文件名"2-4"。

(2) 单击〖新建〗对话框中的【确定】，进入零件设计工作界面。

步骤 2　使用拉伸工具

(1) 单击特征工具栏中的 按钮，打开拉伸特征操作面板。

(2) 单击〖放置〗面板中的【定义】按钮，系统显示〖草绘〗对话框。

(3) 选择 FRONT 基准面为草绘平面，RIGHT 基准面为参照平面，接受系统默认的视图方向。

(4) 单击【草绘】，进入草绘工作环境，如图 2-82 所示绘制一直径为"24"的圆。

(5) 单击草绘命令工具栏中的 按钮，返回特征操作面板，设定拉伸方式和拉伸长度，如图 2-83 所示。

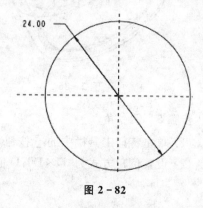

图 2-82

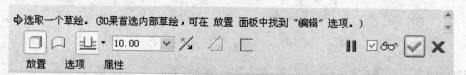

图 2-83

(6) 单击 ✓ 按钮,完成特征的建立,如图 2-84 所示。

步骤 3　建立圆角特征

(1) 单击特征工具栏中的 按钮,打开圆角特征操作面板。

(2) 如图 2-85 所示,建立半径为"1"的圆角。

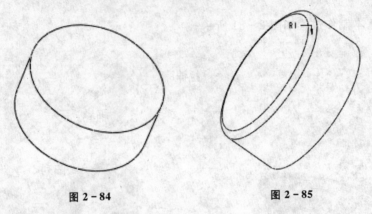

图 2-84　　　　　　　　　　图 2-85

步骤 4　建立壳特征

(1) 单击特征工具栏中的 按钮,打开壳特征操作面板。

(2) 设定抽壳厚度为"2",选择图 2-86 中鼠标指示的端面为移出曲面。

(3) 单击 ✓ 按钮,完成壳特征的建立,如图 2-87 所示。

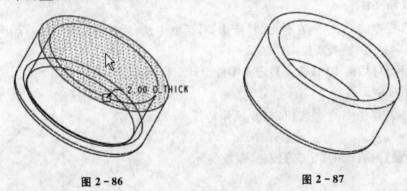

图 2-86　　　　　　　　　　图 2-87

步骤 5　倒　角

(1) 单击特征工具栏中的 按钮,打开倒角特征操作面板。

(2) 设置倒角方式为"D×D",D 值为"0.5",如图 2-88 所示。

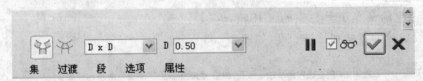

图 2-88

(3) 选择瓶盖底端内边线建立倒角,如图 2-89 所示。

(4) 单击 ✓ 按钮,完成倒角特征建立,如图 2-90 所示。

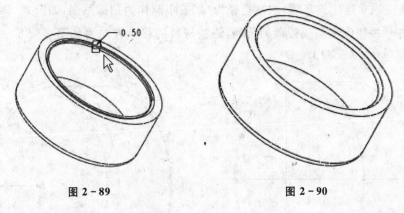

图 2-89　　　　　　　　　图 2-90

步骤 6　建立圆角特征

(1) 单击特征工具栏中的 按钮,打开圆角特征操作面板。

(2) 如图 2-91 所示,建立半径为"0.5"的圆角。

步骤 7　扫描切割

(1) 单击菜单【插入】→【扫描】→【切口】,打开如图 2-92 所示的对话框与菜单。

(2) 单击【草绘轨迹】,选择 RIGHT 基准平面为草绘平面。

(3) 依次单击弹出菜单中的【正向】→【缺省】,系统进入草绘工作环境。

(4) 使用绘直线、绘圆工具绘制如图 2-93 所示的扫描轨迹。

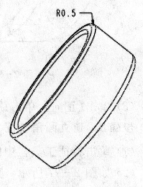

图 2-91

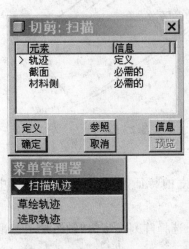

图 2-92

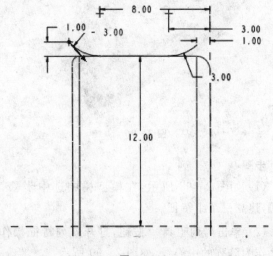

图 2-93

(5) 单击 按钮完成扫描轨迹绘制,在弹出的【属性】菜单中单击【自由端点】|【完成】选项。

(6) 系统进入草绘工作环境,绘制直径为"1"的小圆作为扫描截面,如图 2-94 所示。

(7) 单击 ✓ 按钮完成扫描截面的绘制,调整材料的移除方向为如图 2-95 所示(否则,应单击【方向】菜单中的【反向】)。

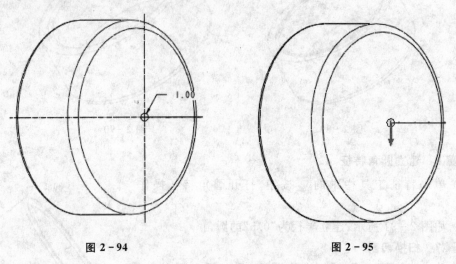

图 2-94　　　　　　　　　　　图 2-95

(8) 单击【正向】,单击鼠标中键,完成扫描切割特征,如图 2-96 所示。

步骤 8　建立圆角特征

(1) 单击特征工具栏中的 按钮,打开圆角特征操作面板。

(2) 如图 2-97 所示,建立半径为"0.5"的圆角。

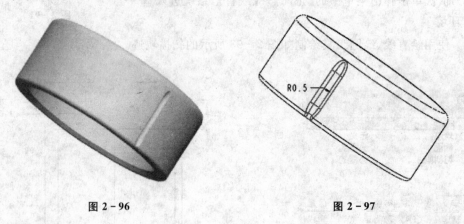

图 2-96　　　　　　　　　　　图 2-97

步骤 9　阵　列

(1) 如图 2-98 所示,在模型树中选中步骤 7、8 建立的特征,单击右键快捷菜单中的【组】,建立一个组特征。

(2) 单击阵列工具 按钮,打开阵列特征操作面板。选择阵列类型为"轴",选取基准轴 A_2 作为阵列的中心线,如图 2-99 所示。

(3) 如图 2-100 所示,在特征操作面板中输入在该尺寸方向的阵列子特征数量为"30"(包含原始特征),阵列成员之间的角度为"12"。

(4) 单击特征操作面板中的 ✓ 按钮,完成阵列特征的建立,如图 2-101 所示。

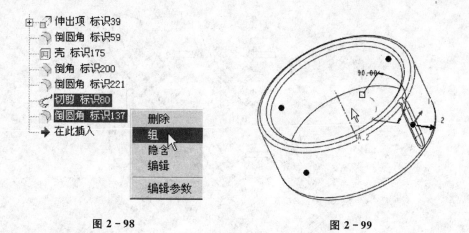

图 2-98　　　　　　　　　图 2-99

图 2-100

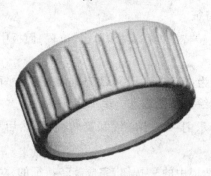

图 2-101

步骤 10　保存文件

单击菜单【文件】→【保存】，保存当前模型文件，然后关闭当前工作窗口。

2.5　羊角锤锤头

本例建立如图 2-102 所示的零件模型。构建该模型需要使用旋转、曲线及曲线移动、可变剖面扫描、拉伸、倒圆角等建模工具。

该模型的基本制作过程如图 2-103 所示。

步骤 1　建立新文件

（1）单击工具栏中的 按钮，在弹出的〖新建〗对话框中选择"零件"类型，并选中"使用缺省模板"选项，在〖名称〗栏输入新建文件名"2-5"。

（2）单击〖新建〗对话框中的【确定】，进入零件设计工作界面。

图 2-102

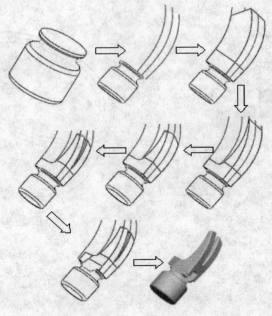

图 2-103

步骤 2 建立旋转增料特征

（1）单击 按钮，打开旋转特征操作面板，单击〖位置〗面板中的【定义】按钮，系统显示〖草绘〗对话框。

（2）选择 FRONT 基准面为草绘平面，RIGHT 基准面为参照平面，接受系统默认的视图方向。

（3）单击〖草绘〗中的【草绘】，系统进入草绘工作环境。

（4）绘制如图 2-104 所示的一条中心线和旋转截面，然后单击草绘命令工具栏中的 按钮。

（5）单击旋转特征操作面板中的 按钮，完成旋转特征的建立，如图 2-105 所示。

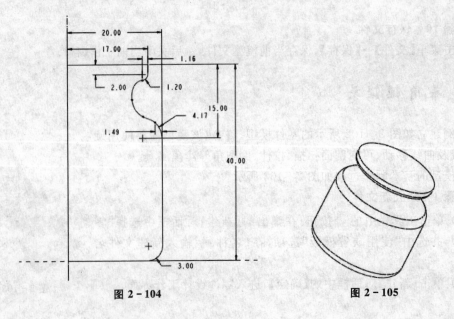

图 2-104   图 2-105

步骤3 绘制曲线

(1) 单击特征工具栏中的 按钮,打开〖草绘〗对话框。

(2) 选择 FRONT 基准面为草绘平面,TOP 基准面为视图方向参照,单击〖草绘〗,进入草绘工作环境。

(3) 绘制如图 2-106 所示的图形。

(4) 单击 ✓ 按钮,完成基准曲线绘制,结果如图 2-107 所示。

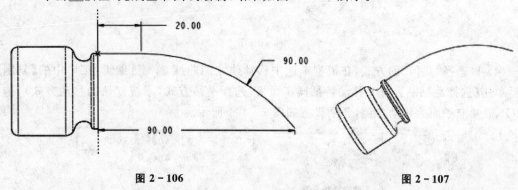

图 2-106   图 2-107

步骤4 移动曲线

(1) 首先建立一基准轴。按下 Ctrl 键,分别选中 TOP、FRONT 基准面,单击特征工具栏中的 按钮,创建一基准轴 A_3 如图 2-108 所示。

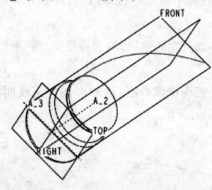

图 2-108

(2) 以选择"几何"的方式,在模型中选中建立的曲线,单击〖编辑〗菜单中的〖复制〗,然后单击〖选择性粘贴〗,打开移动特征操作面板,进行如图 2-109 所示的设置。

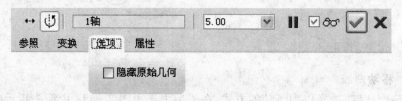

图 2-109

(3) 选择基准轴线 A_3 为旋转参照,单击 ✓ 按钮,完成曲线的旋转移动,如图 2-110 所示。

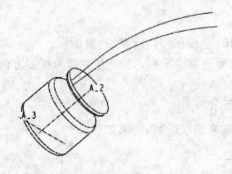

图 2-110

（4）以选择"几何"的方式，在模型中选中移动建立的曲线，单击〖编辑〗菜单中的【复制】，然后单击【选择性粘贴】，打开移动特征操作面板，选择平移方式（系统默认的移动方式），选择 FRONT 基准平面为移动参照，各项设置如图 2-111 所示。

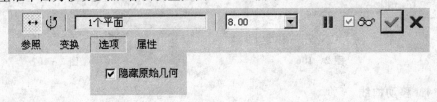

图 2-111

（5）单击 ✓ 按钮，完成曲线的平移，结果如图 2-112 所示。

步骤 5　镜像复制曲线

（1）选中步骤 4 中平行移动产生的曲线，单击特征工具栏中的 按钮，打开镜像复制特征操作面板。

（2）选择 FRONT 基准平面为镜像参照，单击 ✓ 按钮完成曲线的镜像复制，如图 2-113 所示。

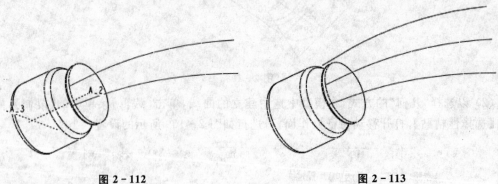

图 2-112　　　　　　　　　　图 2-113

步骤 6　移动曲线

（1）按下 Ctrl 键，选择以"几何"的方式，在模型中选中图 2-114 中箭头指示的两条曲线，单击〖编辑〗菜单中的【复制】，然后单击【选择性粘贴】，打开移动特征操作面板，选择平移方式。

（2）选择 RIGHT 基准平面为移动参照，各选项相应设置如图 2-115 所示。

（3）单击 ✓ 按钮，完成曲线平移，结果如图 2-116 所示。

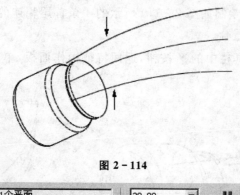

图 2-114

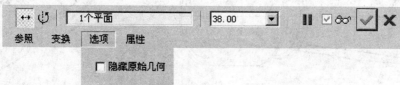

图 2-115

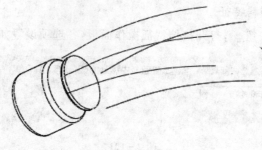

图 2-116

步骤 7　可变剖面扫描

(1) 单击特征工具栏中的 按钮,打开可变剖面特征操作面板。

(2) 选择实体扫描(选中 按钮),选择图 2-117 中箭头指示的曲线为原始轨迹,选择其余四条曲线为扫描轮廓线。

(3) 单击草绘截面 按钮,系统进入草绘工作环境,如图 2-118 所示。

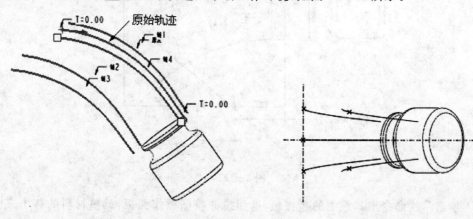

图 2-117　　　　　　　　　图 2-118

(4) 使用绘直线工具,绘制如图 2-119 所示的 4 条首尾相连的线段。注意:应保证各线段的端点与对应的轨迹线重合。

(5) 单击草绘命令工具栏中的 ✓ 按钮,返回特征操作面板,单击 ✓ 按钮,完成特征的建立,结果如图 2-120 所示。

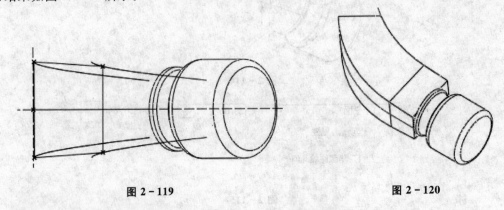

图 2-119　　　　　　　　　　　　图 2-120

步骤 8　建立拉伸减料特征

(1) 单击拉伸工具按钮 ,打开拉伸特征操作面板,各选项设置如图 2-121 所示。

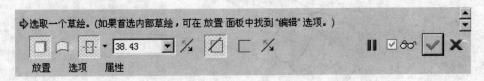

图 2-121

(2) 单击〖放置〗面板中的【定义】,打开〖草绘〗对话框,选择 FRONT 基准平面为草绘平面,单击该对话框中的【草绘】,系统进入草绘工作环境。

(3) 绘制如图 2-122 所示的截面。

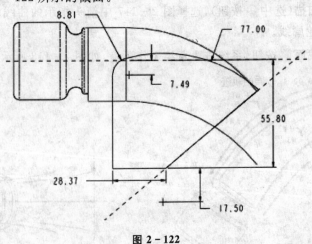

图 2-122

(4) 单击草绘命令工具栏中的 ✓ 按钮,返回拉伸特征操作面板,调整材料的移出方向,单击 ✓ 按钮,完成特征的建立,如图 2-123 所示。

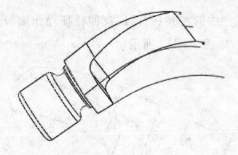

图 2-123

步骤 9　建立拉伸减料特征

（1）单击拉伸工具按钮 ，打开拉伸特征操作面板，各选项设置如图 2-124 所示。

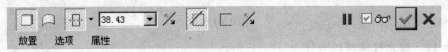

图 2-124

（2）单击〖放置〗面板中的【定义】，打开〖草绘〗对话框，选择 RIGHT 基准平面为草绘平面，如图 2-125 所示。

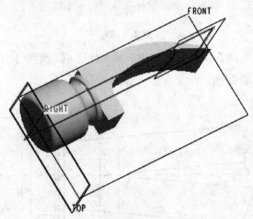

图 2-125

（3）单击【草绘】，进入草绘工作环境。绘制如图 2-126 所示的截面。

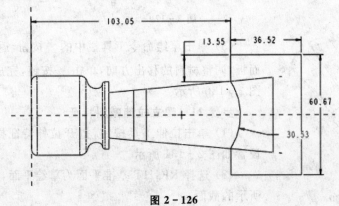

图 2-126

(4) 单击草绘命令工具栏中的 ✓ 按钮，返回拉伸特征操作面板，调整材料的移出方向，单击 ✓ 按钮，完成特征的建立，如图 2-127 所示。

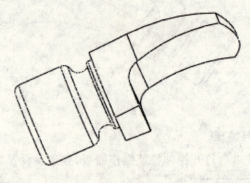

图 2-127

步骤 10　建立拉伸减料特征

(1) 单击 按钮，打开拉伸特征操作面板，各选项设置如图 2-128 所示。

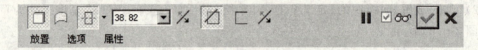

图 2-128

(2) 单击〖放置〗面板中的【定义】，打开〖草绘〗对话框，选择 RIGHT 基准平面为草绘平面，绘制如图 2-129 所示的截面。

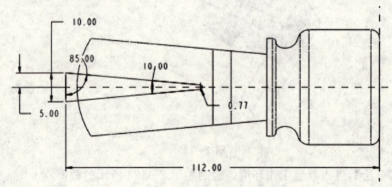

图 2-129

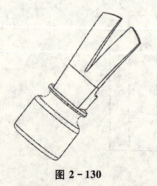

图 2-130

(3) 单击草绘命令工具栏中的 ✓ 按钮，返回拉伸特征操作面板，调整材料的移出方向，单击 ✓ 按钮，完成特征的建立，如图 2-130 所示。

步骤 11　建立拉伸减料特征

(1) 单击拉伸工具按钮，打开拉伸特征操作面板，各选项设置如图 2-131 所示。

(2) 选择 RIGHT 基准平面为草绘平面，绘制如图 2-132 所示的截面。

图 2-131

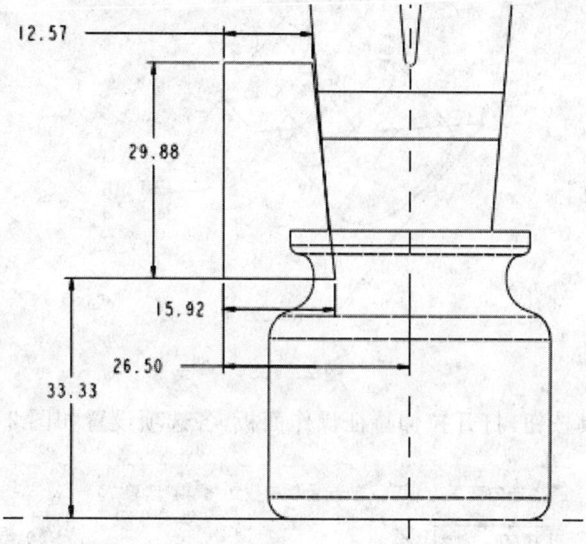

图 2-132

（3）单击草绘命令工具栏中的 ✓ 按钮，返回拉伸特征操作面板，调整材料的移出方向，单击 ✓ 按钮，完成特征的建立，如图 2-133 所示。

步骤 12　镜像复制

（1）在模型树中选择步骤 11 建立的拉伸切剪特征，单击))((按钮，打开镜像特征操作面板。

（2）选择 FRONT 基准面为镜像平面，单击 ✓ 按钮，完成所选特征的镜像复制，如图 2-134 所示。

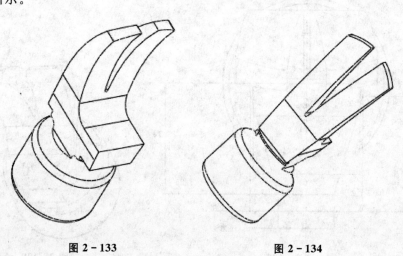

图 2-133　　　　　图 2-134

步骤13　建立拉伸减料特征

（1）首先使用创建基准平面工具，以平行偏移的方式建立一平行于 TOP 基准平面的基准面 DTM1，如图 2-135 所示。

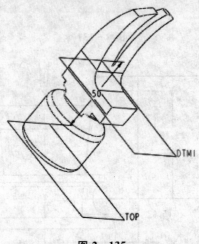

图 2-135

（2）单击拉伸工具按钮，打开拉伸特征操作面板，各选项设置如图 2-136 所示。

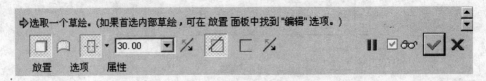

图 2-136

（3）选择基准平面 DTM1 为草绘平面，绘制如图 2-137 所示的截面。

（4）单击草绘命令工具栏中的 ✓ 按钮，返回拉伸特征操作面板，调整材料的移出方向，单击 ✓ 按钮，完成特征的建立，如图 2-138 所示。

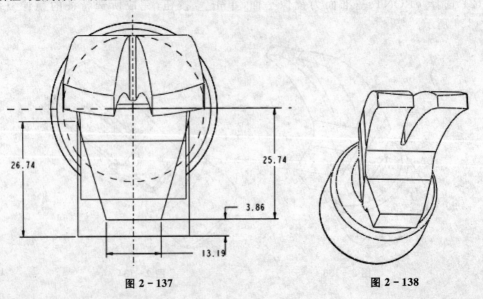

图 2-137　　　　　　图 2-138

步骤 14　建立拉伸减料特征

(1) 单击拉伸工具按钮,打开拉伸特征操作面板,各选项设置如图 2-139 所示。

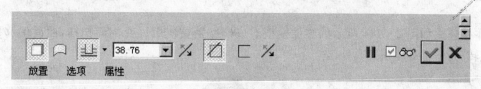

图 2-139

(2) 选择图 2-140 中箭头指示的面为草绘平面,绘制如图 2-141 所示的 18×10 的矩形截面为拉伸截面。

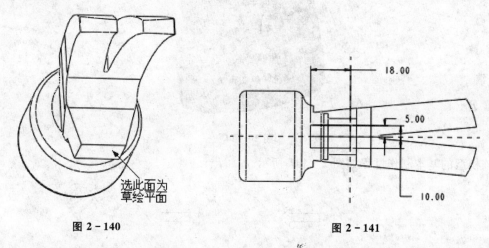

图 2-140　　　　　　　　　　　图 2-141

(3) 单击草绘命令工具栏中的 ✓ 按钮,返回拉伸特征操作面板,调整材料的移出方向,单击 ✓ 按钮,完成特征的建立,如图 2-142 所示。

步骤 15　倒圆角

使用圆角工具对模型中相应边线建立半径为 1.5 的圆角,如图 2-143 所示。

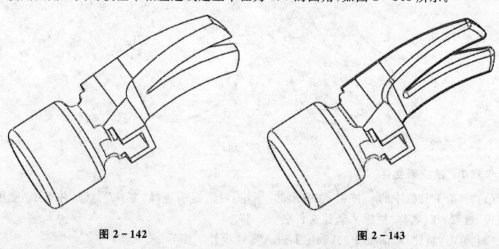

图 2-142　　　　　　　　　　　图 2-143

步骤 16　保存文件

单击菜单【文件】→【保存】,保存当前模型文件,然后关闭当前工作窗口。

2.6 油 桶

本例建立如图2-144所示的零件模型。该模型主要使用可变剖面扫描、曲面偏移、倒圆角、旋转、壳特征等建模工具。

图2-144

该模型的基本制作过程如图2-145所示。

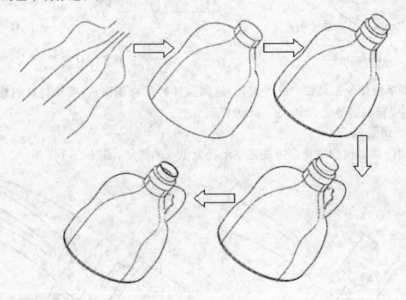

图2-145

步骤1　建立新文件

(1) 单击工具栏中的 按钮,在弹出的〖新建〗对话框中选择"零件"类型,并选中"使用缺省模板"选项,在〖名称〗栏输入新建文件名"2-6"。

(2) 单击〖新建〗对话框中的【确定】,进入零件设计工作界面。

步骤2　绘制轨迹线

(1) 单击特征工具栏中的 按钮,打开〖草绘〗对话框。

(2) 选择 FRONT 基准面为草绘平面，RIGHT 基准面作为参照面，单击【草绘】，进入草绘工作界面。

(3) 绘制如图 2-146 所示的草图。

(4) 单击 ✓ 按钮，完成曲线的绘制，如图 2-147 所示。

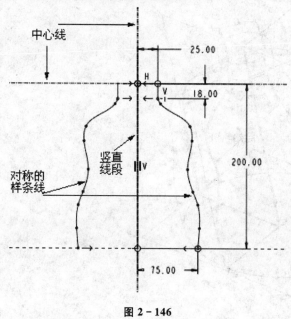

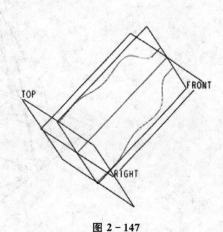

图 2-146

图 2-147

(5) 单击特征工具栏中的 按钮，打开【草绘】对话框。

(6) 选择 RIGHT 基准面为草绘平面，TOP 基准面作为参照面，单击【草绘】按钮，进入草绘工作界面。

(7) 绘制如图 2-148 所示的草图。

(8) 单击 ✓ 按钮，完成曲线的绘制，如图 2-149 所示。

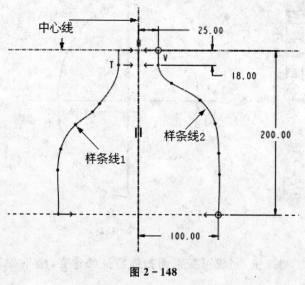

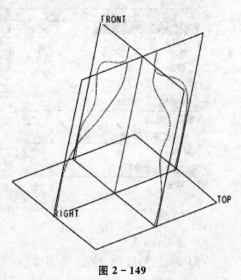

图 2-148

图 2-149

步骤3 建立可变剖面扫描特征

(1) 单击特征工具栏中的 按钮,打开可变剖面扫描特征操作面板。

(2) 单击 按钮,生成实体特征。如图 2-150 所示选择扫描轨迹。

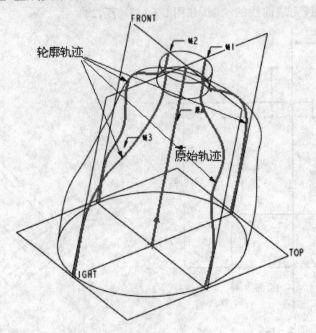

图 2-150

(3)〖参照〗选项卡面板各选项设置如图 2-151 所示。

(4) 在〖选项〗面板中选择"可变剖面"选项。

(5) 单击 按钮,系统进入草绘环境,绘制如图 2-152 所示的一个椭圆。

注意:轮廓轨迹线的端点应在绘制的椭圆边线上。

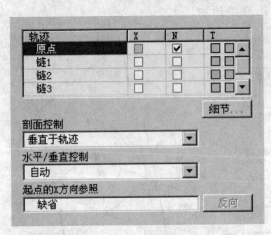

图 2-151

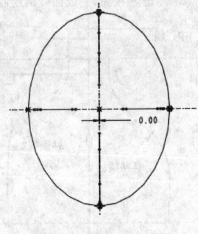

图 2-152

(6) 单击 按钮,完成草图绘制,单击 按钮,完成可变剖面扫描特征的建立,结果如图 2-153 所示。

步骤 4　建立圆角特征

(1) 单击特征工具栏中的 按钮，打开圆角特征操作面板。

(2) 对模型的底部边线建立 R6 的圆角，如图 2-154 所示。

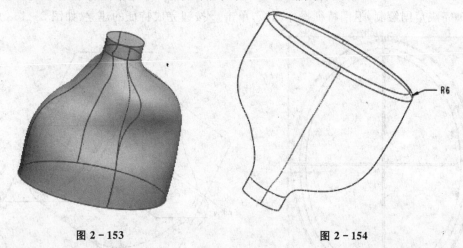

图 2-153　　　　　　　　　　　图 2-154

步骤 5　建立曲面偏移特征

(1) 如图 2-155 所示，选中模型的底面，单击菜单【编辑】→【偏移】，打开偏移特征操作面板。

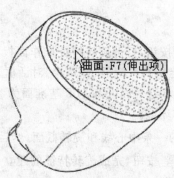

图 2-155

(2) 对曲面进行拔模偏移各选项设置如图 2-156 所示。

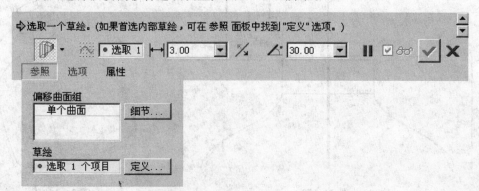

图 2-156

(3) 单击【参照】面板的【定义】，打开【草绘】对话框，选择模型底面为草绘平面。

(4) 在草绘环境中，使用 按钮，以"环"的方式，选择模型底部内侧椭圆，在消息输入窗口输入偏移值为"5"，绘制如图 2-157 所示的草图。

(5) 完成草图绘制，返回特征操作面板，单击 按钮完成特征的建立，如图 2-158 所示。

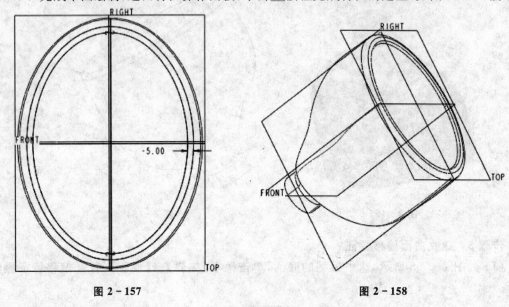

图 2-157　　　　　　　　　　　　　　图 2-158

步骤 6　建立油桶颈

(1) 单击特征工具栏中的 按钮，打开旋转特征操作面板，单击 按钮以建立实体特征。

(2) 单击【位置】面板中的【定义】，系统显示【草绘】对话框。

(3) 选择 FRONT 基准面为草绘平面，RIGHT 基准面为参照平面，接受系统默认的视图方向，单击【草绘】，进入草绘工作环境。

(4) 绘制如图 2-159 所示的一条中心线和旋转截面，然后单击 按钮，完成草图绘制。

(5) 单击特征操作面板中的 按钮，完成旋转特征的建立，如图 2-160 所示。

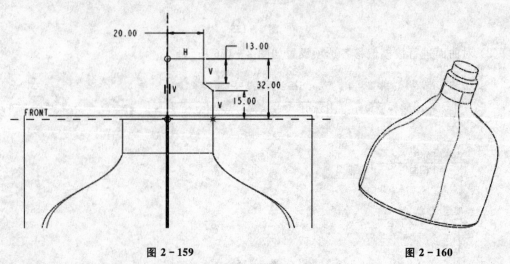

图 2-159　　　　　　　　　　　　　　图 2-160

步骤 7　建立手柄曲线

（1）单击特征工具栏中的 按钮，打开〖草绘〗对话框。

（2）选择 RIGHT 基准平面为草绘平面，绘制如图 2-161 所示的样条线。

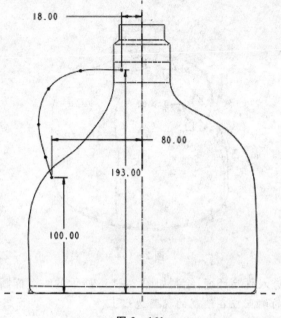

图 2-161

（3）单击 按钮，完成基准曲线的建立。

（4）单击特征工具栏中的 按钮，打开〖草绘〗对话框。

（5）选择 RIGHT 基准平面为草绘平面，绘制如图 2-162 所示的样条线。

（6）单击 按钮，完成基准曲线的建立如图 2-163 所示。

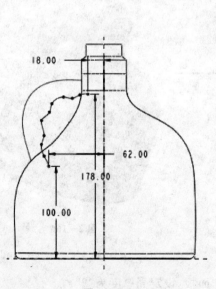

图 2-162

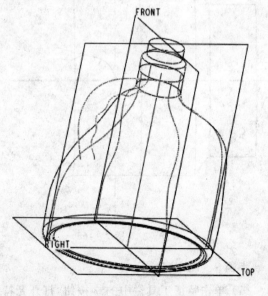

图 2-163

步骤8 建立油桶手柄

(1) 单击特征工具栏中的 按钮,打开可变剖面扫描特征操作面板。

(2) 单击 按钮,生成实体特征。如图2-164所示选择扫描轨迹。

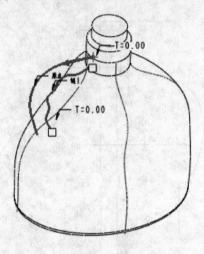

图2-164

(3) 单击 按钮,进入草绘环境,绘制如图2-165所示的一个椭圆。

注意:轮廓轨迹线的端点应在绘制的椭圆边线上。

(4) 单击 按钮,完成草图绘制,单击 按钮,完成可变剖面扫描特征的建立,结果如图2-166所示。

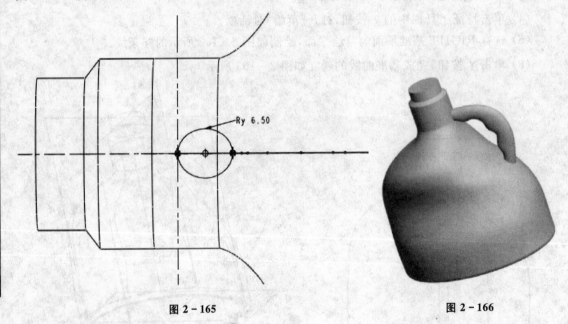

图2-165   图2-166

步骤9 建立壳特征

(1) 单击特征工具栏中的 按钮,打开壳特征操作面板,设定壳厚度为"2"。

(2) 选择瓶口端面为开口面(也称移除面),单击 按钮,完成壳特征的建立,如图2-167

所示。

（3）在层树中，右击"03_PRT_ALL_CURVES"，右击鼠标，选择弹出菜单中的"隐藏"选项，也可在模型树中选中所有曲线特征，右击鼠标，选择弹出菜单中的"隐藏"选项，隐藏模型中的所有曲线。

（4）单击 按钮，刷新屏幕上的图形，结果如图2-168所示。

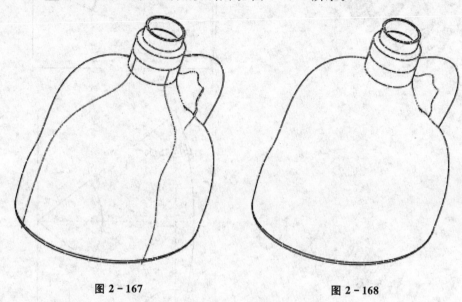

图 2-167   图 2-168

步骤10　保存文件

单击菜单【文件】→【保存】，保存当前模型文件，然后关闭当前工作窗口。

2.7 受控的弹簧

本例建立如图2-169所示的弹簧模型，要求当压缩角为45°时弹簧挠性变形量为1 mm，当压缩角为75°时弹簧挠性变形量为6 mm，压缩角与挠性变形量为线性关系，弹簧圈数为15。

步骤1　建立新文件

（1）单击工具栏中的 按钮，在弹出的〖新建〗对话框中选择"零件"类型，并选中"使用缺省模板"选项，在〖名称〗栏输入新建文件名"2-7"。

（2）单击〖新建〗对话框中的【确定】，进入零件设计工作界面。

步骤2　建立压缩角与变形量之间的图形函数

（1）单击菜单【插入】→【模型基准】→【图形】。

（2）在消息输入文本框中，输入名称"DEFORM"，系统进入草绘工作环境。

（3）使用 按钮创建一参照坐标系，然后绘制两条相互垂直的中心线和一条线段，并标注尺寸，如图2-170所示。

（4）单击草绘工具栏中的 按钮，完成图形函数的建立。

步骤3　建立弹簧外形线与螺旋旋转角之间的图形函数

（1）单击菜单【插入】→【模型基准】→【图形】。

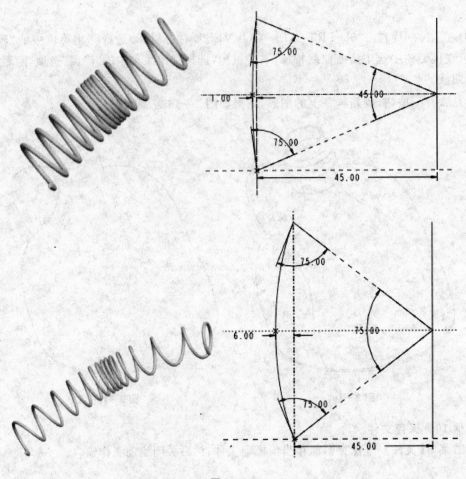

图 2-169

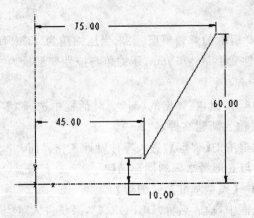

图 2-170

(2) 在消息输入文本框中，输入名称"SPRING"，系统进入草绘工作环境。

(3) 使用 按钮创建一参照坐标系，绘制两条相互垂直的中心线，使用样条线工具绘制图形曲线，如图 2-171 所示。

注：x 轴方向相当于把弹簧外形线分为 2 500 个单位，y 轴方向相当于弹簧的总旋转角度

$360°\times 15=5400°$。

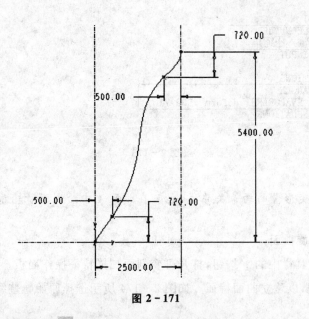

图 2-171

(4) 单击草绘工具栏中的 ✓ 按钮,完成图形函数的建立。

步骤 4　绘制弹簧的轮廓曲线

(1) 单击特征工具栏中的 ~ 按钮,打开〖草绘的基准曲线〗对话框。

(2) 选择 FRONT 基准平面为草绘平面,绘制如图 2-172 所示的草图。

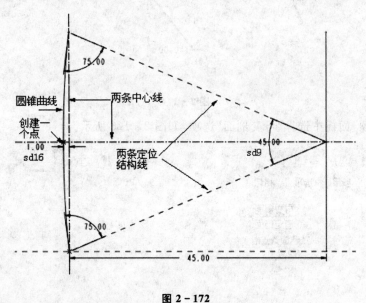

图 2-172

(3) 单击 ✓ 按钮,完成弹簧轮廓曲线的建立。

步骤 5　添加压缩角和变形量的约束关系

(1) 单击菜单【工具】→【程序】→【编辑设计】,打开〖记事本〗窗口。

(2) 在图 2-173 所示的矩形框位置处添加图中所示的文字与关系式。

(3) 保存记事本文件并关闭记事本窗口,系统显示"要将所作的修改体现到模型中?",单

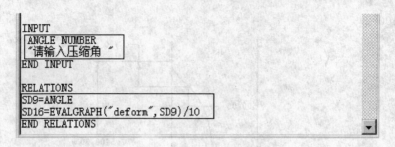

图 2-173

击【是】。

提示：压缩角和变形量的约束关系式，也可在步骤4中绘制弹簧轮廓曲线的草绘环境中添加。

步骤6 建立螺旋曲面

(1) 单击特征工具栏中的 按钮，打开可变剖面扫描特征操作面板。

(2) 单击 按钮，以建立曲面特征。如图 2-174 所示选择原始轨迹线和轮廓线。

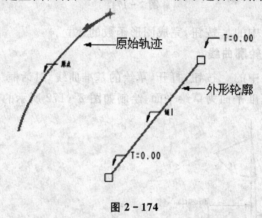

图 2-174

(3) 在〖选项〗面板中选择"可变剖面"选项，如图 2-175 所示。

图 2-175

(4) 单击 按钮，系统进入草绘状态。绘制如图 2-176 所示的一段长为 5 mm 的线段。

(5) 单击菜单【工具】→【关系】，打开〖关系〗窗口，模型中尺寸显示为符号形式，如图 2-177 所示。

(6) 在关系窗口中输入关系式"sd4 = evalgraph ("spring", trajpar * 2500)"，如图 2-178 所示。

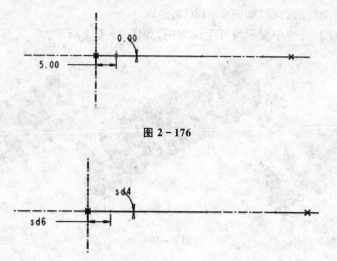

图 2-176

图 2-177

注意：sd4 为绘制的线段与水平线的夹角，由于每人的操作过程可能不同，实际模型显示的符号的数字标可能不同，因此应以模型中显示的具体符号替换关系式中的 sd4。

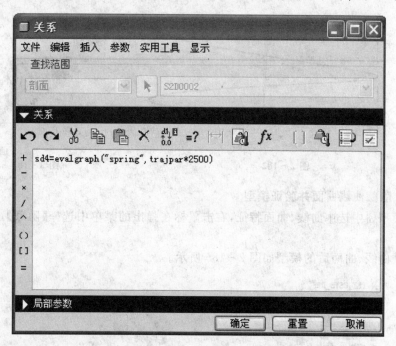

图 2-178

（7）单击【确定】，完成关系式的添加。

（8）单击 ✓ 按钮完成草图绘制，单击特征操作面板中的 ✓ 按钮，完成螺旋曲面的建立，结果如图 2-179 所示。

步骤 7　建立弹簧实体

（1）单击菜单【插入】→【扫描】→【伸出项】→【选取轨迹】命令。

(2)选择螺旋曲面的边线,如图2-180所示。
(3)单击【完成】,模型中显示特征生成方向,如图2-181所示。

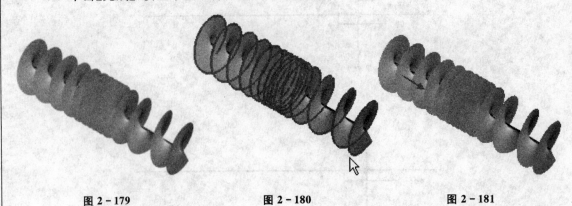

图2-179　　　　　图2-180　　　　　图2-181

(4)单击〖方向〗菜单中的【正向】,系统进入草绘工作环境。
(5)绘制如图2-182所示的一个圆作为扫描截面。
(6)完成的扫描特征如图2-183所示。

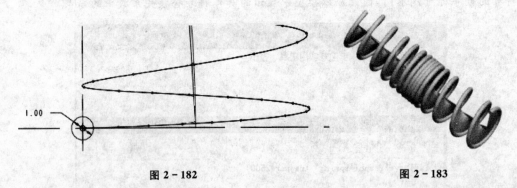

图2-182　　　　　　　　　图2-183

步骤8　隐藏曲线曲面并验证模型

(1)在模型树中选中曲线、曲面特征,右击鼠标在弹出的菜单中选择【隐藏】,如图2-184所示。
(2)隐藏曲线、曲面后的模型如图2-185所示。

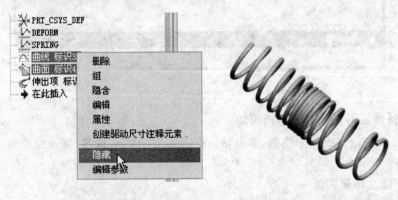

图2-184　　　　　　　　图2-185

(3) 单击 按钮重新生成模型,弹出如图 2-186 所示的菜单。

(4) 单击【输入】,在弹出的菜单中选中【ANGLE】,然后单击【完成选取】选项,如图 2-187 所示。

(5) 系统提示"请输入压缩角",输入"45",结果如图 2-188 所示。

图 2-186

图 2-187

图 2-188

(6) 请读者试着输入 45~75 之间的数值,查看弹簧模型的变化。

步骤 9　保存文件

单击菜单【文件】→【保存】,保存当前模型文件,然后关闭当前工作窗口。

2.8　电话听筒造型

本例建立如图 2-189 所示的零件模型。构建该模型主要使用边界混合、拉伸、曲面偏移、阵列、扫描特征等建模工具。

图 2-189

该模型的基本制作过程如图 2-190 所示。

步骤 1　打开练习文件

(1) 单击菜单【文件】→【打开】。

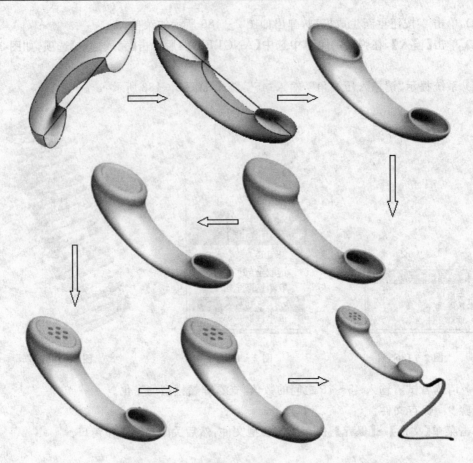

图 2-190

（2）打开配书光盘中名称为"exe2-8.prt"的模型文件，如图 2-191 所示。

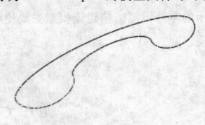

图 2-191

步骤 2　建立边界混合曲面

（1）单击菜单【插入】→【边界混合】，打开边界混合特征操作面板。

（2）按下 Ctrl 键，选取图 2-192 中鼠标指示的两条曲线作为第一方向的曲线链。

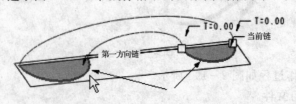

图 2-192

(3) 按下 Ctrl 键,选取图 2-193 中箭头指示的两条曲线作为第二方向的曲线链。此时的边界混合特征操作面板如图 2-194 所示。

提示:在选择曲线之前,应首先激活第一方向或第二方向曲线链的收集功能,然后选择相应的曲线作为该方向的曲线链。

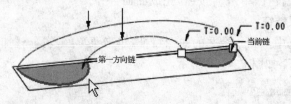

图 2-193

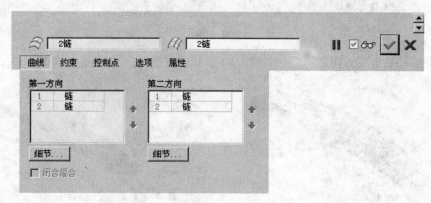

图 2-194

(4) 单击 ✔ 按钮,完成特征的建立,如图 2-195 所示。

图 2-195

步骤 3 镜像复制曲面

(1) 选中步骤 2 建立的曲面,单击 按钮,打开镜像特征操作面板。

(2) 如图 2-196 所示,选择 TOP 基准平面为镜像平面。

(3) 单击 ✔ 按钮,完成曲面的镜像复制,如图 2-197 所示。

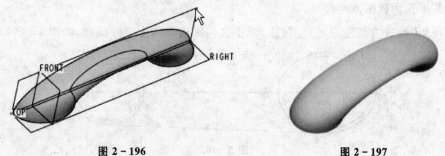

图 2-196   图 2-197

步骤 4 合并曲面

（1）按下 Ctrl 键，选中步骤 2、步骤 3 建立的曲面，单击 按钮，打开曲面合并特征操作面板。

（2）接受系统默认设置，单击 按钮，完成曲面合并。

步骤 5 建立加厚特征

（1）在模型树中选中步骤 4 合并的曲面特征，单击菜单【编辑】→【加厚】，打开加厚特征操作面板，设定厚度为"2"，如图 2-198 所示。

图 2-198

（2）模型特征生成方向如图 2-199 所示，单击 按钮，完成特征建立如图 2-200 所示。

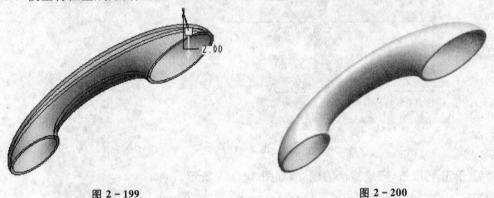

图 2-199   图 2-200

步骤 6 建立拉伸特征

（1）单击特征工具栏中的 按钮，打开拉伸特征操作面板，各选项设置如图 2-201 所示。

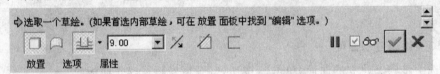

图 2-201

（2）单击【放置】面板中的【定义】，打开【草绘】对话框，选择大椭圆端面为草绘平面，选择 FRONT 基准面为视图方向参照。

（3）使用"通过边创建图元" 按钮，选中大椭圆边线作为拉伸截面，如图 2-202 所示。

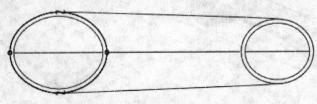

图 2-202

(4)单击 ✓ 按钮,完成草图绘制,调整特征生成方向,单击 ✓ 按钮,完成特征建立,如图 2-203 所示。

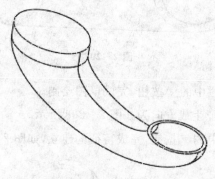

图 2-203

步骤 7　建立圆角

(1)单击特征工具栏中的 ⌐ 按钮,打开圆角特征操作面板。
(2)选中椭圆柱端面边线,建立半径为"5"的圆角,如图 2-204 所示。

步骤 8　建立曲面偏移特征

(1)在选择过滤器栏中选择"几何",如图 2-205 所示选中椭圆柱端面。

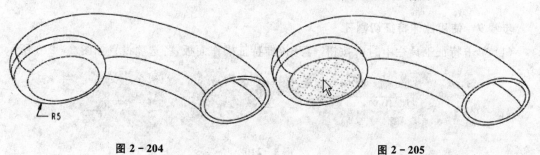

图 2-204　　　　　　　　　图 2-205

(2)单击菜单【编辑】→【偏移】选项,打开偏移特征操作面板,选择"拔模特征"方式的偏移,各选项设置如图 2-206 所示。

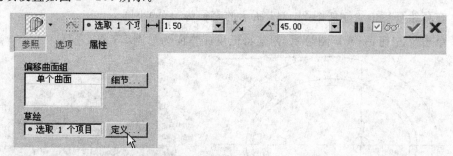

图 2-206

(3)单击【参照】面板中的【定义】,打开【草绘】对话框。选择图 2-205 中所示的椭圆柱端面为草绘平面。

(4)在草绘环境中使用"通过边创建图元" ▫ 按钮,选中椭圆端面内边线,如图 2-207 所示。

图 2-207

(5) 单击草绘命令工具栏中的✓按钮，完成草图绘制。
(6) 单击✗按钮调整特征生成方向为如图 2-208 所示。
(7) 单击特征操作面板中的✓按钮，完成特征的建立，如图 2-209 所示。

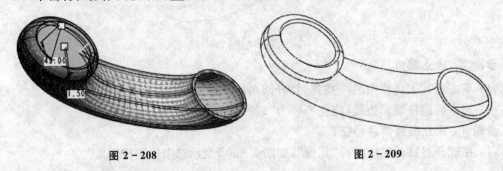

图 2-208　　　　　　　　　　　图 2-209

步骤 9　使用拉伸特征切割孔

(1) 单击特征工具栏中的按钮，打开拉伸特征操作面板，各选项设置如图 2-210 所示。

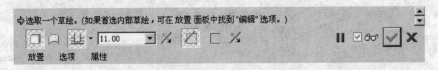

图 2-210

(2) 单击〖放置〗面板中的【定义】，打开〖草绘〗对话框，选择步骤 8 偏移后的椭圆端面为草绘平面。
(3) 在草绘环境中绘制如图 2-211 所示的直径为"4"的小圆。
(4) 单击✓按钮，完成草图绘制，调整特征生成方向为如图 2-212 所示。

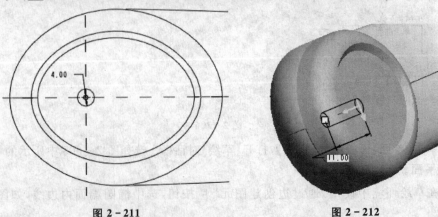

图 2-211　　　　　　　　　　　图 2-212

(5) 单击 ✓ 按钮,完成特征建立。

步骤 10　阵列复制孔特征

(1) 选中步骤 9 建立的孔特征,单击 按钮,打开阵列特征操作面板。

(2) 选择"填充"类型,单击〖参照〗面板中的【定义】,打开【草绘】对话框,单击【使用先前的】。

(3) 单击【草绘】,进入草绘工作环境,绘制如图 2-213 所示的一个圆作为阵列填充区域。

(4) 单击 ✓ 按钮,完成草图绘制返回特征操作面板。设置各选项参数如图 2-214 所示。

(5) 单击 ✓ 按钮,完成特征建立,如图 2-215 所示。

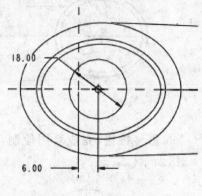

图 2-213

图 2-214

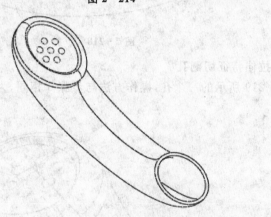

图 2-215

步骤 11　建立拉伸特征

(1) 单击特征工具栏中的 按钮,打开拉伸特征操作面板,各选项设置如图 2-216 所示。

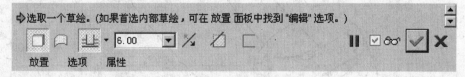

图 2-216

(2) 单击〖放置〗面板中的【定义】,打开【草绘】对话框,选择模型的小椭圆端面为草绘平面。

(3) 在草绘环境中使用"通过边创建图元" 按钮,选中小椭圆外侧边线,如图 2-217 所示。

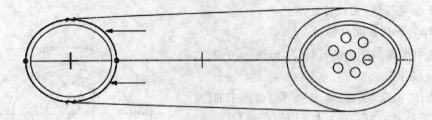

图 2-217

(4) 单击 ✓ 按钮,完成草图绘制,调整特征生成方向,单击 ✓ 按钮,完成特征建立,如图 2-218 所示。

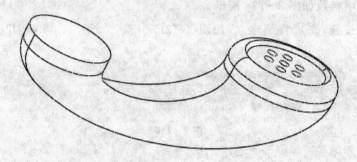

图 2-218

步骤 12　使用拉伸特征切割孔

本步完成图 2-219 所示的一个孔,操作方法与步骤 9 相同,为节省篇幅,这里不再赘述。

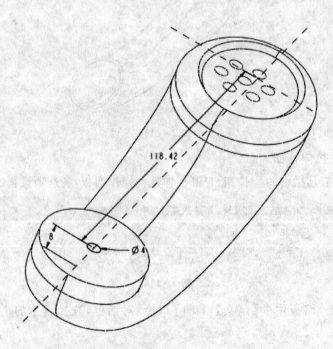

图 2-219

步骤 13　建立倒圆角特征

单击 按钮,打开圆角特征操作面板,分别建立如图 2-220 所示的两个圆角。

步骤 14　建立扫描特征

(1) 单击菜单【插入】→【扫描】→【伸出项】,在弹出的〖扫描轨迹〗菜单中单击【草绘轨迹】命令。

(2) 选择 TOP 基准面为草绘平面,选择 FRONT 基准面为视图方向参照。

(3) 在草绘环境中绘制如图 2-221 所示的一条样条线。

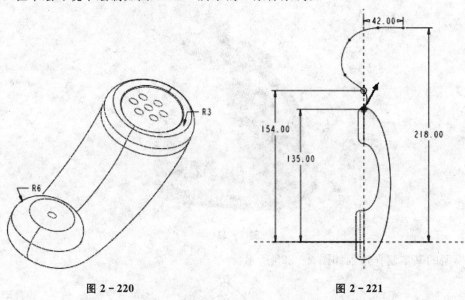

图 2-220　　　　　　　　　　　　　图 2-221

(4) 双击样条线,然后分别修改各点坐标,以建立三维样条曲线。

(5) 单击草绘工具栏中的 按钮,完成扫描轨迹绘制,单击〖属性〗菜单中的【自由端点】|【完成】选项。

(6) 系统再次进入草绘状态,要求草绘扫描剖面,绘制如图 2-222 所示的一个椭圆作为扫描截面。

(7) 单击草绘命令工具栏中的 按钮,单击鼠标中键,完成扫描特征的建立,结果如图 2-223 所示。

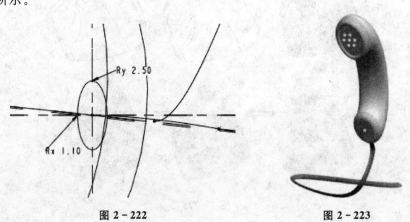

图 2-222　　　　　　　　　　　　　图 2-223

步骤15 保存文件

单击菜单【文件】→【保存】命令,保存当前模型文件。

2.9 机油桶造型

本例建立如图2-224所示的零件模型。该模型主要使用可变剖面扫描、拉伸、圆角、镜像复制、壳特征等建模工具。

图2-224

该模型的基本制作过程如图2-225所示。

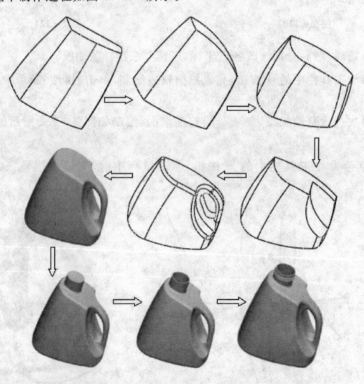

图2-225

步骤 1　打开练习文件

（1）单击菜单【文件】→【打开】命令。

（2）打开配书光盘中的"exe2－9.prt"模型文件,如图 2-226 所示。

步骤 2　建立可变剖面扫描特征

（1）单击特征工具栏中的 按钮,打开可变剖面扫描特征操作面板。

（2）单击 按钮,生成实体特征。选择图 2-226 中的曲线 1 为原始轨迹,按下 Ctrl 键,依次选择曲线 2、3、4 为扫描轮廓轨迹,如图 2-227 所示。

（3）其他选项接受系统默认设置,如图 2-228 所示。

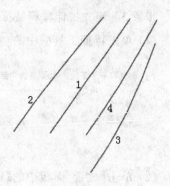

图 2-226

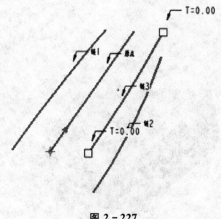

图 2-227

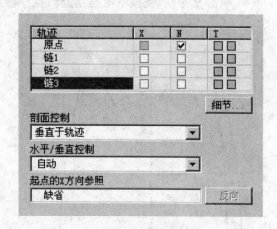

图 2-228

（4）单击 按钮,进入草绘工作环境,过轨迹线的起始点绘制三段圆弧和一条水平线段,如图 2-229 所示。

（5）单击 按钮,完成草图绘制,单击 按钮,完成可变剖面扫描特征的建立,结果如图 2-230 所示。

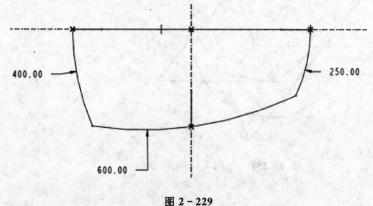

图 2-229

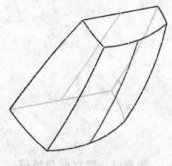

图 2-230

步骤3　建立拉伸减料特征

(1) 单击特征工具栏中的 按钮,打开拉伸特征操作面板,各选项设置如图 2-231 所示。

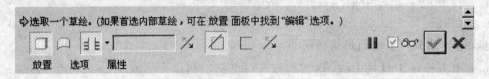

图 2-231

(2) 单击〖放置〗面板中的【定义】按钮,打开〖草绘〗对话框,选择 TOP 基准面为草绘平面,RIGHT 基准面为视图方向参照,单击【草绘】按钮,进入草绘工作环境。

(3) 绘制如图 2-232 所示的一段圆弧作为拉伸截面。

(4) 单击 按钮,完成草图绘制返回拉伸特征操作面板,调整材料移出方向如图 2-233 所示。

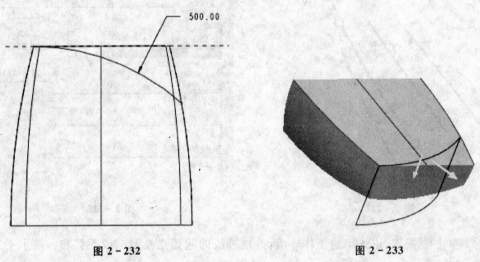

图 2-232　　　　　　　　　图 2-233

(5) 单击 按钮,完成特征的建立,如图 2-234 所示。

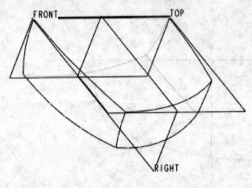

图 2-234

步骤4　建立圆角特征

(1) 单击特征工具栏中的 按钮,打开圆角特征操作面板。

(2) 分别对图 2-235 所示的两条边线建立半径为 100、50 的圆角。

步骤 5　建立拉伸减料特征

(1) 首先使用建立基准平面工具 按钮，建立与 TOP 基准面平行偏移 30 的基准面 DTM5，如图 2-236 所示。

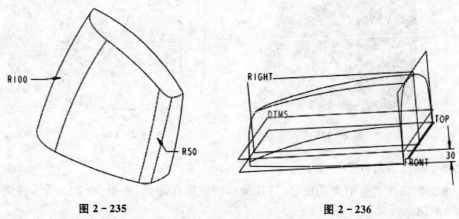

图 2-235　　　　　　　　图 2-236

(2) 单击特征工具栏中的 按钮，打开拉伸特征操作面板，各选项设置如图 2-237 所示。

图 2-237

(3) 单击〖放置〗面板中的【定义】，打开〖草绘〗对话框，选择基准面 DTM5 为草绘平面，RIGHT 基准面为视图方向参照，单击【草绘】，进入草绘工作环境。

(4) 绘制如图 2-238 所示的一段圆弧作为拉伸截面。

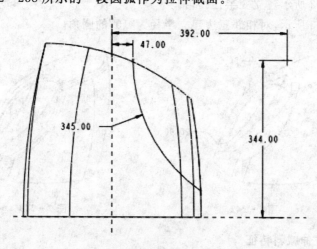

图 2-238

(5) 单击 按钮，完成草图绘制返回拉伸特征操作面板，调整材料移出方向如图 2-239 所示。

(6) 单击 ✓ 按钮，完成特征的建立，如图 2-240 所示。

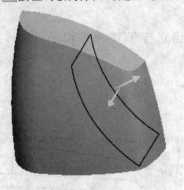

图 2-239

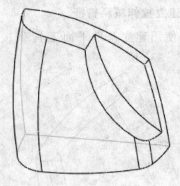

图 2-240

步骤 6　建立圆角特征

(1) 单击特征工具栏中的 按钮，打开圆角特征操作面板，如图 2-241 所示建立一个半径为"150"的圆角。

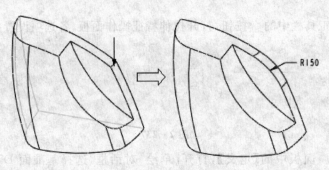

图 2-241

(2) 如图 2-242 所示建立变半径圆角。

(3) 如图 2-243 所示，对相邻三边建立半径为"15"的圆角。

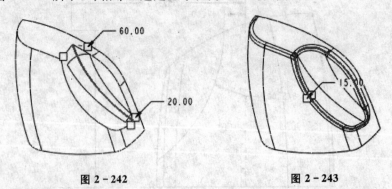

图 2-242　　　　　　　　图 2-243

步骤 7　建立拉伸减料特征

(1) 单击特征工具栏中的 按钮，打开拉伸特征操作面板，各选项设置如图 2-244 所示。

(2) 单击【放置】面板中的【定义】，打开【草绘】对话框，选择基准面 TOP 为草绘平面，RIGHT 基准面为视图方向参照，单击【草绘】，进入草绘工作环境。

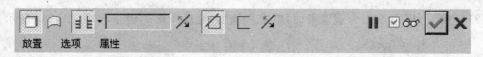

图 2-244

(3) 使用样条线工具绘制如图 2-245 所示的拉伸截面。

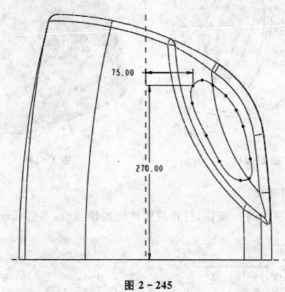

图 2-245

(4) 单击 ✓ 按钮,完成草图绘制返回拉伸特征操作面板,调整材料移出方向如图 2-246 所示。

(5) 单击 ✓ 按钮,完成特征的建立,如图 2-247 所示。

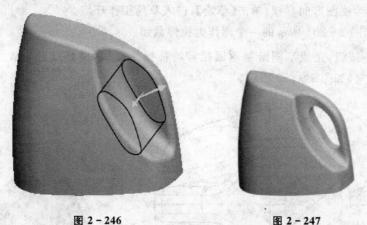

图 2-246   图 2-247

步骤 8 建立圆角特征

单击特征工具栏中的 按钮,打开圆角特征操作面板,建立如图 2-248 所示的圆角。

步骤 9 镜像复制模型

(1) 在模型树中选中"exe2-9.prt",单击特征工具栏中的 按钮,打开镜像特征操作面板。

(2)选择 TOP 基准面为镜像平面,单击 ✓ 按钮,完成特征的建立,如图 2-249 所示。

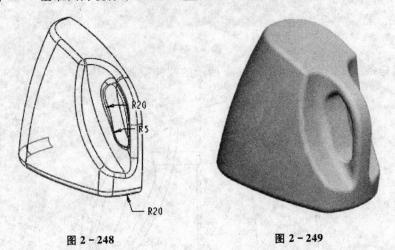

图 2-248　　　　　　图 2-249

步骤 10 建立拉伸特征

(1)单击特征工具栏中的 按钮,打开拉伸特征操作面板,各选项设置如图 2-250 所示。

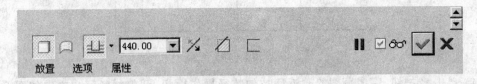

图 2-250

(2)单击〖放置〗面板中的【定义】,打开〖草绘〗对话框,选择基准面 FRONT 为草绘平面,RIGHT 基准面为视图方向参照,单击【草绘】,进入草绘工作环境。

(3)绘制如图 2-251 所示的一个圆作为拉伸截面。

(4)单击 ✓ 按钮,完成草图绘制返回拉伸特征操作面板,调整材料生成方向,单击 ✓ 按钮,完成特征建立,如图 2-252 所示。

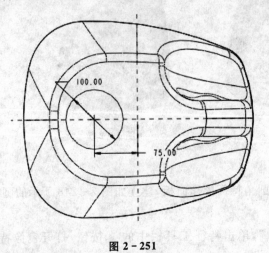

图 2-251　　　　　　图 2-252

步骤 11　建立圆角特征

单击特征工具栏中的 按钮,打开圆角特征操作面板,建立如图 2-253 所示的圆角。

步骤 12　建立壳特征

(1) 单击壳工具 按钮,打开壳特征操作面板。设定壳厚度为"4"。

(2) 选择油桶嘴的上端面为开口面(也称移除面),如图 2-254 所示。单击 按钮,完成壳特征的建立。

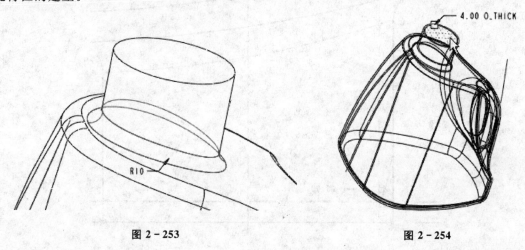

图 2-253　　　　　　　　　　　图 2-254

步骤 13　建立螺纹特征

(1) 单击菜单【插入】→【螺旋扫描】→【伸出项】,打开〖属性〗菜单。

(2) 接受〖属性〗菜单中的默认命令【常数】、【穿过轴】、【右手定则】,然后单击【完成】命令。

(3) 选择 TOP 基准面作为草绘平面,单击【正向】接受默认的视图方向,单击〖草绘视图〗菜单中的【缺省】命令,进入草绘状态。

(4) 绘制如图 2-255 所示的旋转轴和轮廓线。

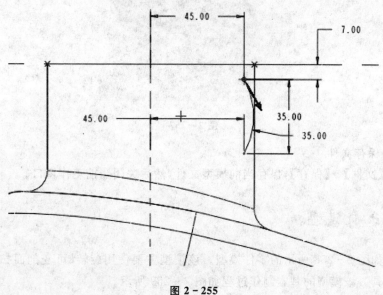

图 2-255

(5) 单击草绘命令工具栏中的 ✓ 按钮,系统再次进入草绘状态,以绘制螺旋扫描剖面。

(6) 在信息区显示的文本框中输入螺距值"12",在起始中心位置绘制一半圆为扫描截面,如图2-256所示。

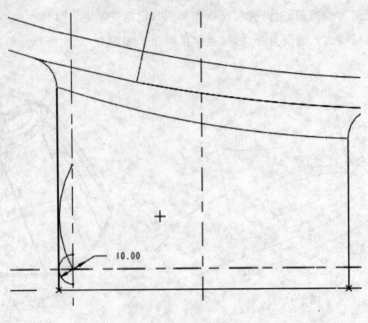

图 2-256

(7) 单击草绘命令工具栏中的 ✓ 按钮,单击鼠标中键,完成模型如图2-257所示。

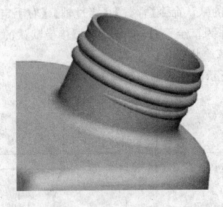

图 2-257

步骤 14 保存文件

单击菜单【文件】→【保存】,保存当前模型文件,然后关闭当前工作窗口。

2.10 可乐瓶造型

本例建立如图2-258所示的零件模型。该模型主要使用旋转、可变剖面扫描、螺旋扫描特征等建模工具。该模型的基本制作过程如图2-259所示。

图 2-258

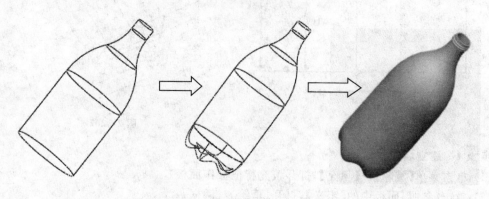

图 2-259

步骤 1　建立新文件

(1) 单击工具栏中的 按钮,在弹出的〖新建〗对话框中选择"零件"类型,并选中"使用缺省模板"选项,在〖名称〗栏输入新建文件名"2-10"。

(2) 单击〖新建〗对话框中的【确定】,进入零件设计工作界面。

步骤 2　建立旋转特征

(1) 单击特征工具栏中的 按钮,打开旋转特征操作面板,各选项设置如图 2-260 所示。

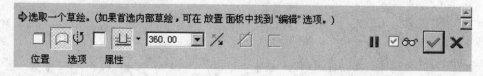

图 2-260

(2) 单击〖放置〗面板中的【定义】,打开〖草绘〗对话框。选择 FRONT 基准面为草绘平面,RIGHT 基准面为参照平面,接受系统默认的视图方向。

(3) 单击【草绘】,进入草绘工作环境,如图 2-261 所示绘制旋转中心线和旋转截面。

(4) 单击 按钮,完成草图绘制返回特征操作面板,单击 按钮,完成特征建立。

步骤 3　建立基准平面

(1) 单击基准特征工具栏中的 按钮,打开〖基准平面〗对话框。

(2) 选择 TOP 基准平面,选择"偏移"方式,向下偏移"20",单击【确定】,完成基准平面

DTM1 的建立,如图 2-262 所示。

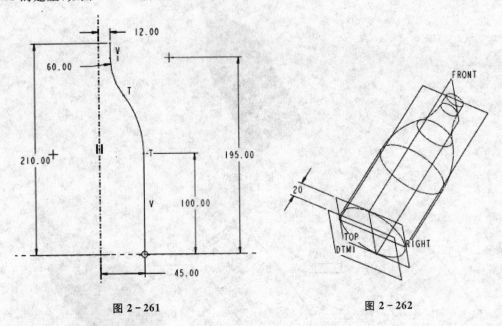

图 2-261　　　　　　　　　　　　　　图 2-262

步骤 4　建立填充曲面

(1) 单击菜单【编辑】→【填充】,打开填充特征操作面板。

(2) 单击〖参照〗面板中的【定义】,打开〖草绘〗对话框。

(3) 选择基准面 DTM1 为草绘平面,RIGHT 基准面为参照平面,接受系统默认的视图方向。

(4) 单击【草绘】,进入草绘工作环境,绘制如图 2-263 所示的圆作为填充截面。

(5) 单击 ✓ 按钮,完成草图绘制返回特征操作面板,单击 ✓ 按钮,完成特征建立,如图 2-264 所示。

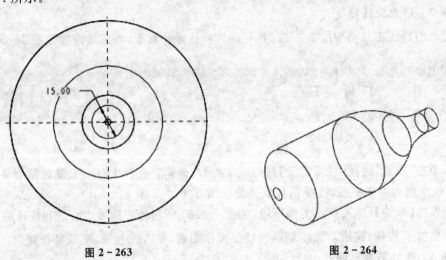

图 2-263　　　　　　　　　　　　　　图 2-264

步骤 5　建立曲线

(1) 单击特征工具栏中的 按钮,打开〖草绘〗对话框,单击【使用先前的】,再单击【草绘】

进入草绘工作环境。

（2）使用"通过边创建图元"工具 按钮,选择步骤4建立的圆曲面的边线,如图2-265所示。

（3）单击 按钮,完成曲线特征建立。

（4）方法同上,选择图2-266鼠标所示的圆周边线建立曲线。

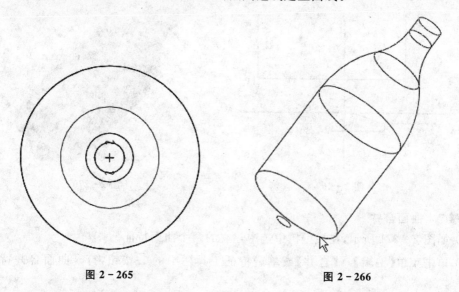

图2-265　　　　　　　　图2-266

步骤6　建立可变剖面扫描特征

（1）单击特征工具栏中的 按钮,打开可变剖面扫描特征操作面板。

（2）单击 按钮,生成曲面特征。如图2-267所示选择原始轨迹和扫描轮廓轨迹。

（3）单击 按钮,进入草绘工作环境,使用样条线工具和几何约束中的"使两图元相切"工具绘制如图2-268所示的扫描截面。

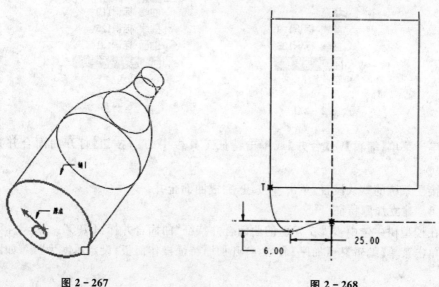

图2-267　　　　　　　　图2-268

(4) 单击菜单【工具】→【关系】,打开〖关系〗窗口,图形窗口中的尺寸以代号形式显示,如图 2-269 所示。对尺寸 sd7 施加关系式,在〖关系〗窗口中添加 sd7＝6＋5 * sin(trajpar * 360 * 5)。单击【确定】,完成关系式的添加。

(5) 单击 ✓ 按钮,完成草图绘制,单击 ✓ 按钮,完成可变剖面扫描特征的建立,结果如图 2-270 所示。

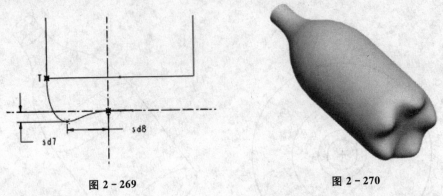

图 2-269　　　　　　　　　　图 2-270

步骤 7　曲面合并

(1) 如图 2-271 所示,在模型树中选中建立的两个曲面特征。

(2) 单击菜单【编辑】→【合并】或单击特征工具栏中的 ⊘ 按钮,打开曲面合并特征操作面板。

(3) 接受系统的默认设置,单击 ✓ 按钮,完成曲面合并。

(4) 在模型树中如图 2-272 所示选中建立的两个曲面特征。

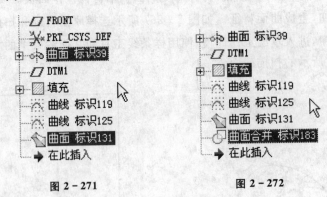

图 2-271　　　　　　　　　　图 2-272

(5) 单击菜单【编辑】→【合并】或单击特征工具栏中的 ⊘ 按钮,打开曲面合并特征操作面板。

(6) 接受系统的默认设置,单击 ✓ 按钮,完成曲面合并。

步骤 8　建立加厚特征

(1) 在模型树中选中步骤 7 建立的曲面合并特征"曲面合并标识 195"。

(2) 单击菜单【编辑】→【加厚】命令,打开加厚特征操作面板,设定厚度为"1",如图 2-273 所示。

(3) 单击 ✓ 按钮,完成特征的建立,如图 2-274 所示。

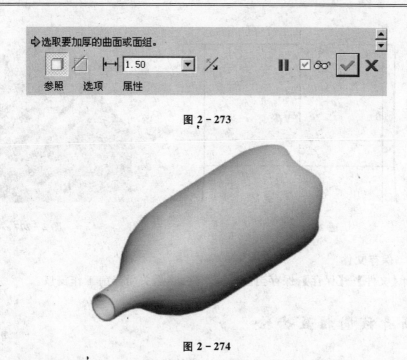

图 2-273

图 2-274

步骤 9　建立螺纹特征

(1) 单击菜单【插入】→【螺旋扫描】→【伸出项】,打开〖属性〗菜单。

(2) 接受〖属性〗菜单中的默认命令【常数】、【穿过轴】、【右手定则】,然后单击【完成】命令。

(3) 选择 FRONT 基准面为草绘平面,单击【正向】接受默认的视图方向,单击〖草绘视图〗菜单中的【缺省】命令,进入草绘状态。

(4) 绘制如图 2-275 所示的旋转轴和轮廓线。

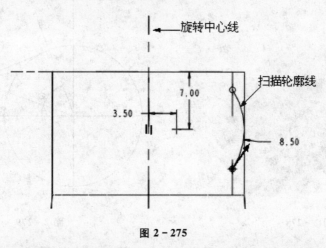

图 2-275

(5) 单击草绘命令工具栏中的✔按钮,系统再次进入草绘状态,以绘制螺旋扫描剖面。

(6) 在信息区显示的文本框中输入螺距值"3.1",然后按 Enter 键确认。

(7) 在起始中心位置绘制一半圆(半径为"1.5")作为扫描截面,如图 2-276 所示。

(8) 单击草绘命令工具栏中的✔按钮,单击鼠标中键,完成后的模型如图 2-277 所示。

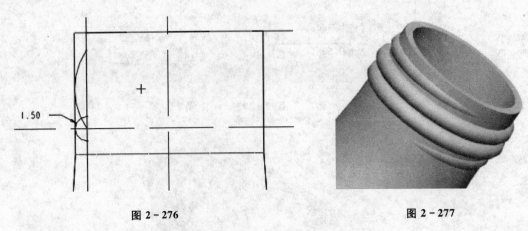

图 2-276　　　　　　　　　　　　　　　　图 2-277

步骤 10　保存文件

单击菜单【文件】→【保存】,保存当前模型文件,然后关闭当前工作窗口。

2.11　渐开线圆柱直齿轮

本例建立如图 2-278 所示的渐开线圆柱直齿轮模型。

图 2-279 所示为渐开线几何示意图,图中 r 为基圆半径,ϕ 为展开角,由渐开线的定义可推得圆的渐开线参数方程为:

$$x = r*\cos(\phi)+(r*\phi*\text{pi}/180)*\sin(\phi)$$
$$y = r*\sin(\phi)-(r*\phi*\text{pi}/180)*\cos(\phi)$$

 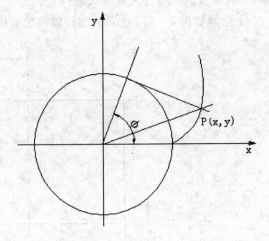

图 2-278　　　　　　　　　　　　　　　　图 2-279

在该例中控制渐开线的参数与公式说明如下:

模数:$m=5$

齿数:$z=17$

压力角:$A=20$

基圆半径:$r=(m*z*\cos(A))/2$

渐开线展开角：$fi = t * 90$　（t 是从 0 到 1 的数，也就是说展开角从 0°～90°取值）
展开的弧长：$Arc = (pi * r * t)/2$　（t 是从 0 到 1 的数，也就是说展开的弧长从 0～1/4 圆周周长取值）
分度圆直径：$d = m * z$
齿顶圆直径：$da = m * (z+2)$
齿根圆直径：$df = m * (z-2.5)$
渐开线的参数方程：$x = r * \cos(fi) + Arc * \sin(fi)$
$$y = r * \sin(fi) - Arc * \cos(fi)$$
$$z = 0$$

构建该模型主要使用拉伸特征、变截面扫描特征、切割特征、阵列特征以及使用参数和方程式控制曲面形状等工具。该模型的基本制作过程如图 2-280 所示。

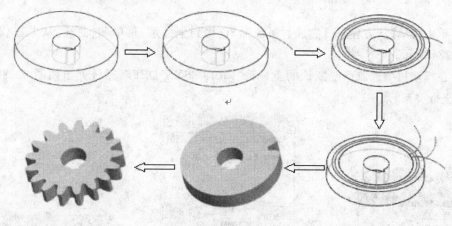

图 2-280

步骤 1　建立新文件

(1) 单击菜单【文件】→【新建】，打开〖新建〗对话框。

(2) 选择"零件"类型，在〖名称〗栏中输入新建文件名称"2-11"。

(3) 单击【确定】，进入零件设计工作环境。

步骤 2　使用拉伸工具建立齿轮基体

(1) 单击 按钮，打开拉伸特征操作面板。选择拉伸为实体，拉伸尺寸为"16"。

(2) 单击〖放置〗面板中的【定义】，打开〖草绘〗对话框。选择 FRONT 基准面为草绘平面，RIGHT 基准面为视图方向参照。

(3) 单击【草绘】，进入草绘工作环境。

(4) 绘制如图 2-281 所示的拉伸截面（本例齿顶圆直径为"φ95"，轴孔与键槽尺寸请参照有关设计手册选取）。

(5) 单击 按钮，返回拉伸特征操作面板。单击 按钮，完成拉伸特征的建立，如图 2-282 所示。

步骤 3　建立渐开线

(1) 单击菜单【插入】→【模型基准】→【曲线】，或者单击 按钮，系统弹出〖曲线选项〗菜单，如图 2-283 所示。

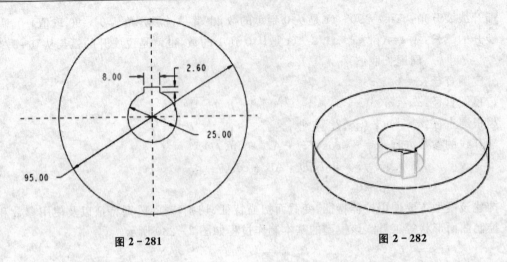

图 2-281   图 2-282

（2）单击菜单【从方程】→【完成】，系统弹出〖得到坐标系〗菜单和〖曲线：从方程〗对话框，如图 2-284 所示。

（3）在模型树中选取系统默认的坐标系"PRT_CSYS_DEF"，系统弹出如图 2-285 所示的〖设置坐标类型〗菜单。

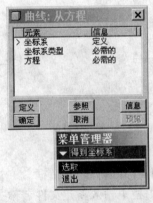

图 2-283   图 2-284   图 2-285

（4）选择坐标类型为【笛卡尔】，系统弹出如图 2-286 所示的〖rel.ptd-记事本〗窗口。窗口中给出一个利用笛卡尔坐标系输入参数方程的简明例子。

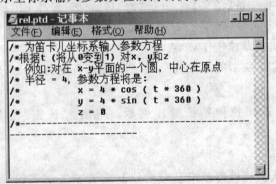

图 2-286

(5) 在记事本中填写渐开线参数方程,如图 2-287 所示。
(6) 单击记事本窗口中的菜单【文件】→【保存】,保存当前的修改。
(7) 单击记事本窗口中的菜单【文件】→【退出】,关闭记事本窗口,完成对方程式的添加。
(8) 单击【确定】,完成曲线的建立,如图 2-288 所示。

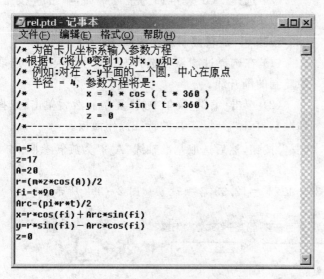

图 2-287

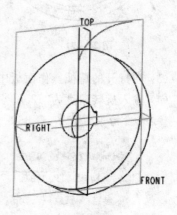

图 2-288

步骤 4 建立齿轮的基圆、齿根圆与分度圆

(1) 单击特征工具栏中的 按钮,打开【草绘】对话框。
(2) 选择 FRONT 基准面为草绘平面,其他接受系统默认设置。
(3) 单击【草绘】,进入草绘工作环境。
(4) 单击绘制圆 O 按钮,分别绘制圆心与基准中心重合的 3 个圆,将 3 个圆的直径尺寸修改为:"85"(分度圆直径)、"79.87"(基圆直径)、"72.5"(齿根圆直径),如图 2-289 所示。
(5) 单击 按钮,完成 3 个圆的建立,结果如图 2-290 所示。

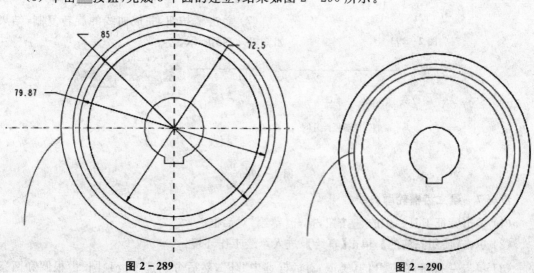

图 2-289　　　　　　　　　　图 2-290

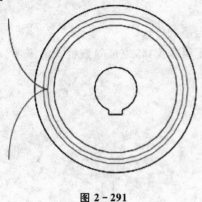

步骤 5　镜像渐开线

（1）选中上面建立的渐开线曲线，单击 按钮，打开镜像特征操作面板。

（2）选择 TOP 基准面为镜像平面，单击 按钮，结果如图 2-291 所示。

步骤 6　旋转复制渐开线曲线

（1）在选择过滤器中选择"几何"，在模型中选取镜像复制的渐开线。

（2）单击〖编辑〗菜单中的【复制】，然后单击【选择性粘贴】，打开"移动"工具的特征操作面板。

图 2-291

（3）在打开的特征操作面板中，单击 按钮，然后选取基准轴线"A_2"为旋转参照。

（4）输入旋转角度为"12.33°"

注：若齿槽等于齿厚，则 360°÷34+1.74°=12.33° 各项设置如图 2-292 所示。

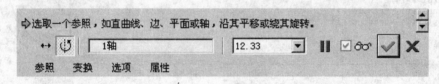

图 2-292

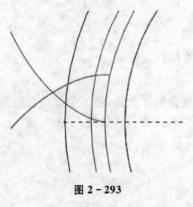

（5）单击 按钮，结果如图 2-293 所示。

（6）操作同上，旋转复制刚刚旋转复制完成的渐开线，只是与原来旋转方向相反，旋转的角度为"21.18°"，且在〖选项〗面板不选中"隐藏原始几何"选项，如图 2-294 所示。

注：如果旋转的结果与图 2-295 不同，请把旋转的角度改为"-21.18°"，使旋转反向。

（7）单击 按钮，完成曲线的旋转复制，结果如图 2-295 所示。

图 2-293

图 2-294

步骤 7　建立齿槽轮廓曲线

（1）单击特征工具栏中的 按钮，打开〖草绘〗对话框。

（2）单击【使用先前的】，单击【草绘】，进入草绘工作环境。

（3）单击 按钮，在打开的〖类型〗对话框选中"环"，然后分别选中齿顶圆、齿根圆和两条渐开线,如图 2-296 所示。

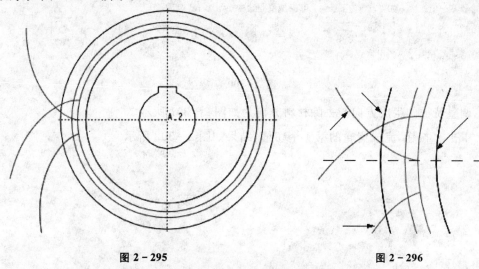

图 2-295　　　　　　　　图 2-296

(4) 单击〖类型〗对话框的【关闭】按钮,关闭此对话框。

(5) 单击 ╲ 按钮,绘制两条与渐开线相切的线段,连接齿根圆与两条渐开线(绘制与渐开线相切线段的方法:绘制时轻移鼠标,当光标附近出现字符"T"时单击左键确认即可,如图 2-297 所示。)。

(6) 单击"动态修剪剖面图元"按钮 ![icon],剪除齿槽轮廓线以外的所有图素。

(7) 单击草绘工具栏中的 ✓ 按钮,完成齿槽轮廓线的绘制,结果如图 2-298 所示。

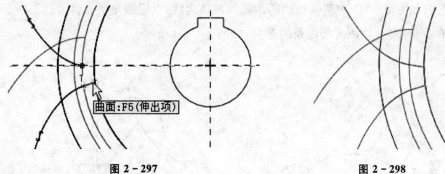

图 2-297　　　　　　　　图 2-298

步骤 8　切出第 1 个齿槽

(1) 单击特征工具栏的 ![icon] 按钮,打开拉伸特征操作面板。

(2) 单击〖放置〗面板中的【定义】按钮,打开〖草绘〗对话框,单击【使用先前的】按钮,再单击【草绘】按钮,进入草绘工作环境。

(3) 单击 ![icon] 按钮,选取步骤 7 建立的齿槽轮廓曲线,选中的结果如图 2-299 所示。

(4) 单击 ✓ 按钮,返回拉伸特征操作面板。

(5) 选择"穿透"方式,选中去除材料 ![icon] 按钮,如图 2-300 所示。

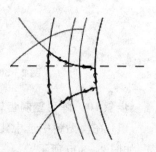

图 2-299

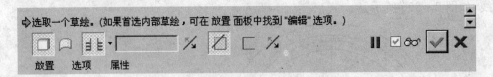

图 2-300

(6) 调整特征的生成方向与去除材料方向为如图 2-301 所示。

(7) 单击 ✓ 按钮,完成齿轮的第 1 个切槽,结果如图 2-302 所示。

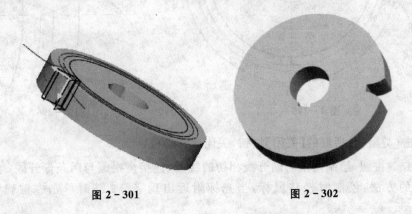

图 2-301　　　　　　　　　　图 2-302

步骤 9　倒圆角

(1) 单击特征工具栏中的 ⌒ 按钮,打开圆角特征操作面板。

(2) 选取如图 2-303 中箭头指示的齿根处两条边线,设定圆角半径值为"2"。

(3) 单击 ✓ 按钮,完成齿槽圆角的建立,如图 2-304 所示。

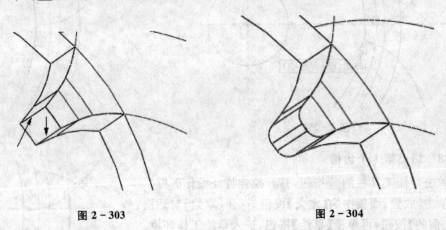

图 2-303　　　　　　　　　　图 2-304

步骤 10　阵列复制齿轮切槽

(1) 在模型树中选中建立的齿槽特征和圆角特征,单击右键快捷菜单中的【组】,建立组特征,如图 2-305 所示。

(2) 在模型树中选中建立的组特征,单击 ▦ 按钮,打开阵列特征操作面板,选择阵列类型为"轴",选取基准轴 A_2 作为阵列的中心线,如图 2-306 所示。

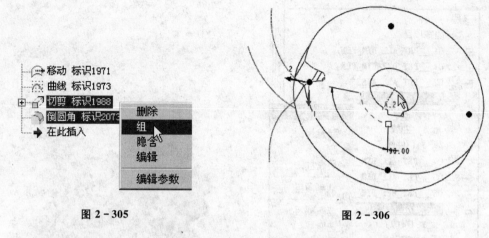

图 2-305　　　　　　　　　图 2-306

(3) 指定阵列成员数为"17",角度增量为"21.18",如图 2-307 所示。

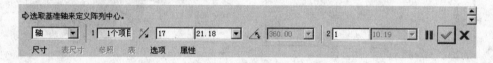

图 2-307

(4) 单击 ✓ 按钮,完成全部轮齿的建立,结果如图 2-308 所示。

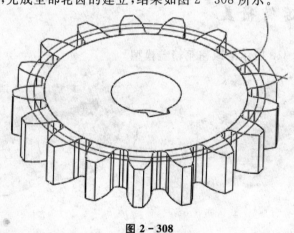

图 2-308

步骤 11　隐藏曲线

(1) 单击位于模型树上方的【显示】,在打开的菜单中单击【层树】,如图 2-309 所示。

(2) 在打开的层树中选中如图 2-310 所示的两个包含曲线的层,再右击,在弹出的快捷菜单中单击【隐藏】,使该层处于隐藏状态。

(3) 单击 按钮,刷新屏幕,结果如图 2-311 所示。

步骤 12　保存模型

单击菜单【文件】→【保存】命令,单击 ✓ 按钮,保存当前建立的零件模型。

图 2-309

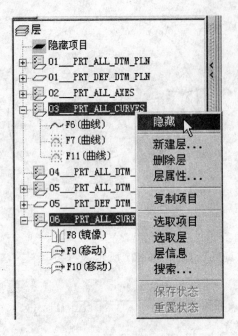

图 2-310   图 2-311

2.12 齿轮减速箱箱盖

本例建立如图 2-312 所示的减速箱箱盖模型。

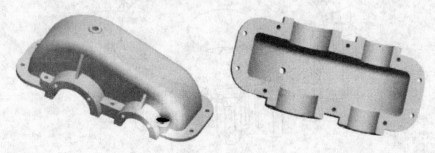

图 2-312

构建该模型主要使用拉伸特征、切割特征、抽壳特征、孔特征、实体化特征、倒角特征、圆角特征、拔模特征等工具。

该模型的基本制作过程如图 2-313 所示。

步骤1 建立新文件

（1）单击菜单【文件】→【新建】命令，打开〖新建〗对话框。

（2）选择"零件"类型，在〖名称〗栏中输入新文件名称"2-12"。

（3）单击【确定】，进入零件设计工作环境。

步骤2 使用拉伸工具建立模型的基体

（1）单击 按钮，打开拉伸特征操作面板。选择实体拉伸方式、关于草绘平面双向对称拉

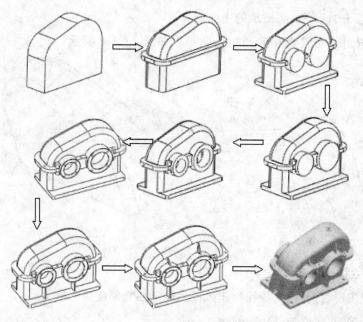

图 2-313

伸,设置拉伸深度为"240",如图 2-314 所示。

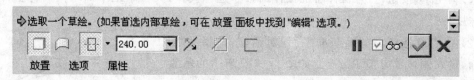

图 2-314

(2) 单击〖放置〗面板中的【定义】按钮,打开〖草绘〗对话框。选择 FRONT 基准面为草绘平面,RIGHT 基准面为参照。

(3) 单击【草绘】按钮,系统进入草绘工作环境,绘制如图 2-315 所示的拉伸截面。

(4) 单击 ✔ 按钮,返回拉伸特征操作面板。单击 ✔ 按钮,完成拉伸特征的建立,如图 2-316 所示。

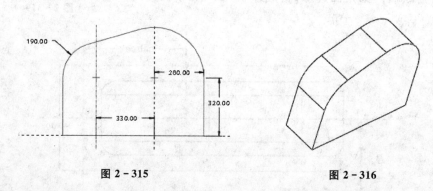

图 2-315   图 2-316

步骤 3　建立圆角

(1) 单击 按钮,打开圆角特征操作面板,设定圆角半径为"45"。

(2) 选择图 2-317 中箭头指示的边线。

(3) 单击 ✓ 按钮,完成圆角特征的建立,结果如图 2-318 所示。

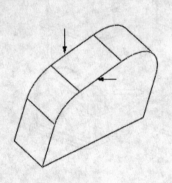

图 2-317

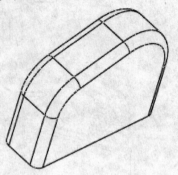

图 2-318

步骤 4　建立抽壳特征

(1) 单击 按钮,打开抽壳特征操作面板。设定抽壳厚度为"18"。

(2) 单击 ✓ 按钮,完成抽壳特征的建立。

步骤 5　使用拉伸工具建立接合面基体

(1) 单击 按钮,打开拉伸特征操作面板。选择实体、关于草绘平面双向对称拉伸,设置拉伸深度为"38"。

(2) 单击 按钮,打开〖基准平面〗对话框,选择 TOP 基准面,输入偏移量为"300",建立如图 2-319 所示的基准平面 DTM1。

(3) 单击〖放置〗面板中的【定义】按钮,打开〖草绘〗对话框。选择 DTM1 基准面为草绘平面,RIGHT 基准面为参照。

(4) 单击【草绘】按钮,系统进入草绘工作环境。

(5) 单击 按钮,选择模型的外轮廓线构成一圆角四边形,然后再绘制一圆角四边形,构成环状,如图 2-320 所示。

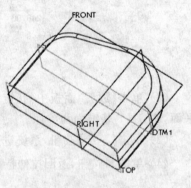

图 2-319

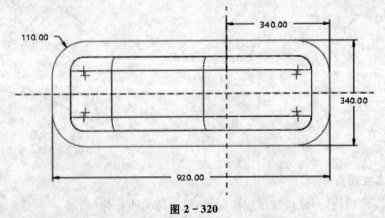

图 2-320

(6)单击 ✓ 按钮,返回拉伸特征操作面板。单击 ✓ 按钮,完成本次拉伸特征的建立,结果如图 2-321 所示。

步骤 6 使用拉伸工具建立模型底座

(1)单击 按钮,打开拉伸特征操作面板。选择实体、单向拉伸,设置拉伸深度为"38"。

(2)单击〖放置〗面板中的【定义】按钮,打开〖草绘〗对话框。选择 TOP 基准面为草绘平面,RIGHT 基准面为参照。

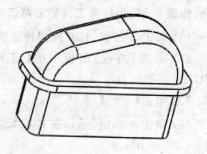

图 2-321

(3)单击【草绘】按钮,系统进入草绘工作环境。绘制如图 2-322 所示的拉伸截面。

(4)单击 ✓ 按钮,返回拉伸特征操作面板。单击 ✓ 按钮,完成拉伸特征的建立,结果如图 2-323 所示。

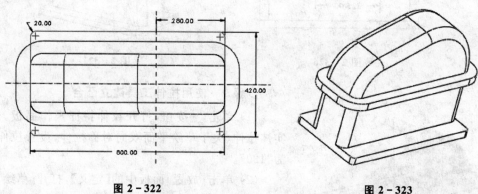

图 2-322   图 2-323

步骤 7 使用拉伸工具建立第一个轴孔基体

(1)单击 按钮,打开拉伸特征操作面板。选择实体、单向拉伸,设置拉伸深度为"80"。

(2)单击〖放置〗面板中的【定义】按钮,打开〖草绘〗对话框。选择模型主体的侧面为草绘平面,RIGHT 基准面为参照。

(3)单击【草绘】按钮,系统进入草绘工作环境。绘制如图 2-324 所示的圆作为拉伸截面。

(4)单击 ✓ 按钮,返回拉伸特征操作面板。单击 ✓ 按钮,完成拉伸特征的建立,结果如图 2-325 所示。

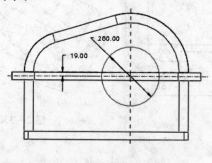

图 2-324

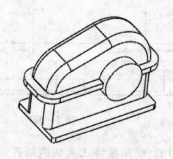

图 2-325

步骤 8　使用拉伸工具建立第二个轴孔基体

(1) 单击 按钮，打开拉伸特征操作面板。选择实体、单向拉伸，设置拉伸深度为"80"。

(2) 单击〖放置〗面板中的【定义】，打开〖草绘〗。选择模型主体的侧面为草绘平面，RIGHT 基准面为参照。

(3) 单击【草绘】，系统进入草绘工作环境。绘制如图 2-326 所示的圆作为拉伸截面。

(4) 单击 按钮，返回拉伸特征操作面板。单击 按钮，完成拉伸特征的建立，结果如图 2-327 所示。

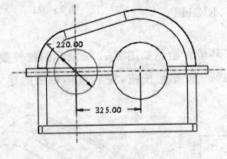

图 2-326

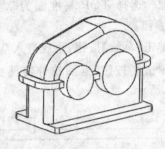

图 2-327

步骤 9　使用拉伸工具建立凸台

(1) 单击 按钮，打开拉伸特征操作面板。选择实体拉伸、关于草绘平面双向对称拉伸，设置拉伸深度为"120"。

(2) 单击〖放置〗面板中的【定义】，打开〖草绘〗。选择 DTM1 基准面为草绘平面，RIGHT 基准面为参照，如图 2-328 所示。

(3) 单击【草绘】，系统进入草绘工作环境。绘制如图 2-329 所示的拉伸截面。

(4) 单击 按钮，返回拉伸特征操作面板，单击 按钮，完成拉伸特征的建立，如图 2-330 所示。

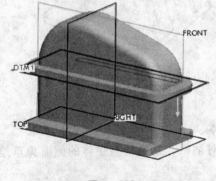

图 2-328

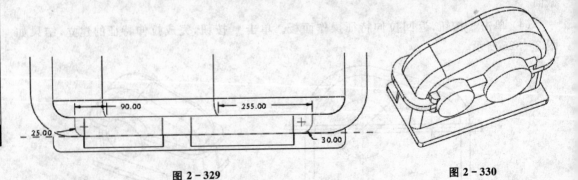

图 2-329　　　　　　　　　　　图 2-330

步骤 10　使用拉伸工具切割轴孔

(1) 单击 按钮，打开拉伸特征操作面板。选择实体、双向对称拉伸、切割，设置拉伸深度为"500"。

（2）单击〖放置〗面板中的【定义】，打开〖草绘〗。选择 FRONT 基准面为草绘平面，RIGHT 基准面为参照。

（3）单击【草绘】，系统进入草绘工作环境。绘制如图 2-331 所示的拉伸截面。

（4）单击 ✓ 按钮，返回拉伸特征操作面板。调整材料移除方向，再单击 ✓ 按钮，完成轴孔特征的建立，结果如图 2-332 所示。

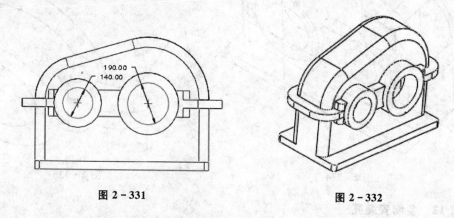

图 2-331　　　　　　　　　　图 2-332

步骤 11　使用孔工具建立第一个安装孔

（1）单击 按钮，打开孔特征操作面板。

（2）选择凸台上表面为孔的放置平面，选择"线性"定位方式，选择 FRONT 基准面、RIGHT 基准面为定位参照，设定孔径为"20"，孔深为"180"，再设定孔中心相对于 FRONT 基准面的尺寸为"145"，相对于 RIGHT 基准面的尺寸为"440"，上述设定如图 2-333 所示。

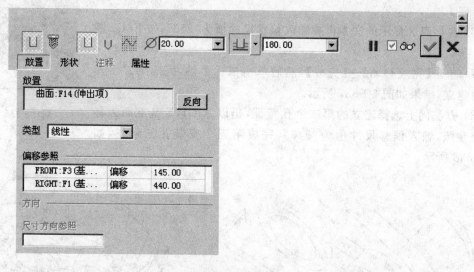

图 2-333

（3）模型中各尺寸如图 2-334 所示。

（4）单击 ✓ 按钮，完成孔特征的建立，结果如图 2-335 所示。

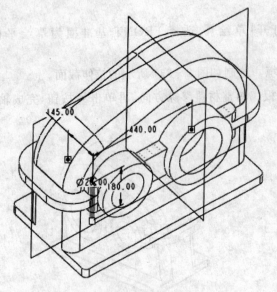

图 2-334

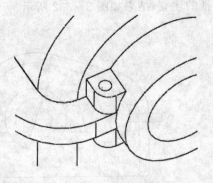

图 2-335

步骤 12　复制安装孔

(1) 单击菜单【编辑】→【特征操作】,打开〖特征〗。

(2) 依次单击【复制】→【移动】→【选取】→【独立】→【完成】。

(3) 选择步骤 11 建立的孔特征,然后单击【完成】。

(4) 在弹出的菜单中依次选择【平移】、【平面】,如图 2-336 所示。

(5) 选择 RIGHT 基准面为移动方向参照,单击【正向】,接受系统默认的方向。

(6) 在信息区显示的文本框中输入偏移尺寸值为"250",按 Enter 键确认。

(7) 单击【完成移动】→【完成】,然后单击鼠标中键,完成第二个安装孔的建立,结果如图 2-337 所示。

(8) 方法同上选择建立的第二个孔特征,仍以 RIGHT 基准面为移动方向参照,输入偏移尺寸值为"340",完成第三个安装孔的建立,如图 2-338 所示。

图 2-336

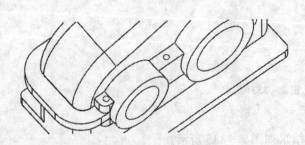

图 2-337

图 2-338

步骤 13 使用孔工具建立安装孔

(1) 单击 Ⅱ 按钮,打开孔特征操作面板。

(2) 选择图 2-339 中箭头指示的平面为孔的放置平面,选择"线性"定位方式,选择 FRONT 基准面、RIGHT 基准面为定位参照,设定孔径为"20",孔深为"50",设定孔中心相对于 FRONT 基准面的尺寸为"80",相对于 RIGHT 基准面的尺寸为"310"。

(3) 单击 ✓ 按钮,完成安装孔的建立,结果如图 2-340 所示。

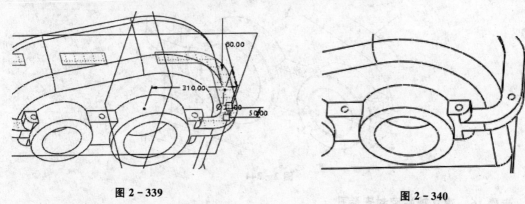

图 2-339   图 2-340

步骤 14 镜像孔特征

(1) 单击基准特征工具栏中的 ☐ 按钮,打开[基准平面]对话框,选择 RIGHT 基准面,以平移方式,偏移"120",建立一基准面 DTM2,如图 2-341 所示。

(2) 在模型树中选中步骤 13 建立的孔特征,单击 ㊉ 按钮,打开镜像特征操作面板。选择基准平面 DTM2 为镜像平面,单击 ✓ 按钮,完成孔特征的镜像复制,结果如图 2-342 所示。

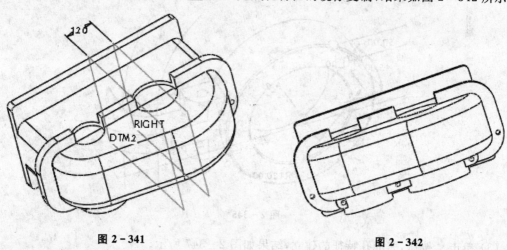

图 2-341   图 2-342

步骤 15 建立倒角

(1) 单击 ⟩ 按钮,打开倒角特征操作面板。

(2) 选择倒角类型为"45×D",输入 D 的尺寸值为"3",如图 2-343 所示。

(3) 选择模型中两个轴孔的内、外边线。

(4) 单击 ✓ 按钮,完成倒角特征的建立,结果如图 2-344 所示。

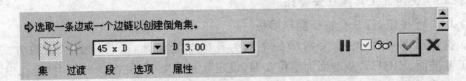

图 2-343

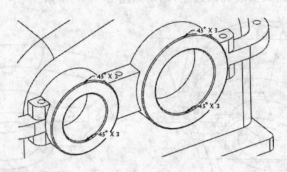

图 2-344

步骤 16　建立轴端密封安装孔

(1) 单击 按钮,打开孔特征操作面板。

(2) 选择轴孔圆柱的端面为孔放置平面,选择"径向"定位类型,选择基准轴线"A_2"作为定位参照,输入半径值"120",选择 DTM1 基准面作为角度参照,输入角度值"45°",设定孔的直径为"18",孔深为"50",模型中各尺寸如图 2-345 所示。特征操作面板的各项设置如图 2-346 所示。

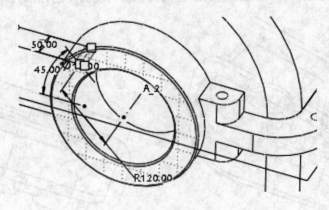

图 2-345

(3) 单击 按钮,完成孔特征的建立,结果如图 2-347 所示。

步骤 17　阵列孔特征

(1) 选择步骤 16 建立的孔特征,然后单击 按钮,打开阵列特征操作面板。

(2) 选择角度尺寸"45°"作为阵列方向尺寸参照,输入尺寸增量"90",输入阵列子特征个数"4"。

(3) 单击 按钮,完成孔特征的阵列复制,结果如图 2-348 所示。

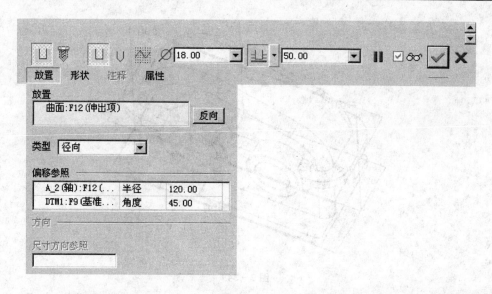

图 2-346

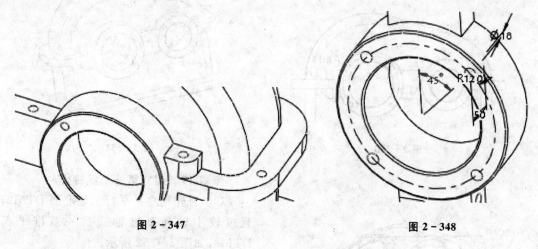

图 2-347　　　　　　　　　　　　　图 2-348

步骤 18　平移复制阵列特征

(1) 单击菜单【编辑】→【特征操作】,打开〖特征〗。

(2) 依次单击【复制】→【移动】→【选取】→【独立】→【完成】。

(3) 选择步骤 17 建立的阵列特征,然后单击【完成】。

(4) 单击弹出菜单中的【平移】→【平面】。

(5) 选择 RIGHT 基准面为移动方向参照,单击【正向】,接受系统默认的方向(应为如图 2-349 中箭头指示的方向,否则单击〖方向〗菜单中的【反向】→【正向】)。

(6) 在信息区显示的文本框中输入偏移尺寸"325",按 Enter 键确认。

(7) 单击【完成移动】,在〖组可变尺寸〗菜单中选中"Dim6",即准备修改图 2-350 中的尺寸"R120"。

(8) 单击【完成】,在信息区显示的文本框中输入新的"Dim6"尺寸"90",按 Enter 键确认。

(9) 单击鼠标中键,完成阵列特征的平移复制,结果如图 2-351 所示。

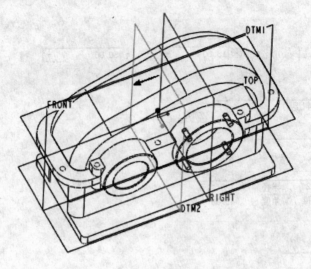

图 2-349

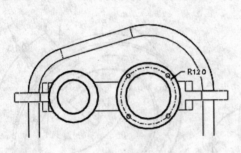

图 2-350

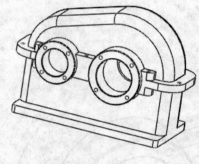

图 2-351

步骤 19　建立第一个筋特征

（1）首先建立一平行于基准面 DTM2，且过较小轴孔基准轴线的一基准平面 DTM3，如图 2-352 所示。

（2）单击 按钮，打开筋特征操作面板。

（3）单击〖参照〗面板中的【定义】，打开〖草绘〗。

（4）选择基准面 DTM3 为草绘平面，TOP 基准面为参照。

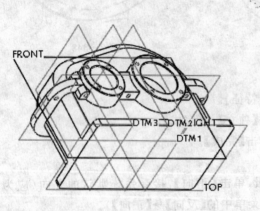

图 2-352

（5）单击〖草绘〗对话框中的【草绘】，系统进入草绘工作环境。

（6）绘制如图 2-353 所示的一条直线段，注意线段的两端点应与其接触的轮廓线重合。

（7）单击 按钮，返回筋特征操作面板。

（8）设定筋的厚度为"12"并调整特征生成方向，单击 按钮完成筋特征的建立，结果如图 2-354 所示。

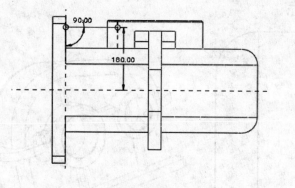
图 2-353

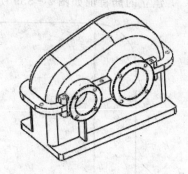
图 2-354

步骤 20　建立第 2 个筋特征

（1）方法同上，只是选择 RIGHT 基准面为草绘平面，绘制如图 2-355 所示的一条线段，建立厚度为"12"的筋特征。

（2）建立的第 2 个筋特征，如图 2-356 所示。

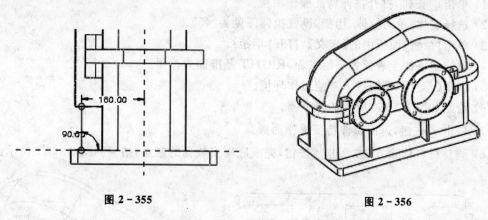

图 2-355　　　　　　　　　图 2-356

步骤 21　建立第 3、第 4 个筋特征

（1）方法同步骤 19，选择 DTM3 基准面为草绘平面，绘制如图 2-357 所示的线段，建立厚度为"12"的筋特征。

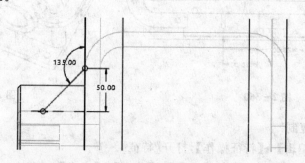

图 2-357

（2）方法同步骤 20，选择 RIGHT 基准面为草绘平面，绘制如图 2-358 所示的线段，建立厚度为"12"的筋特征。

(3) 建立的筋特征如图 2-359 所示。

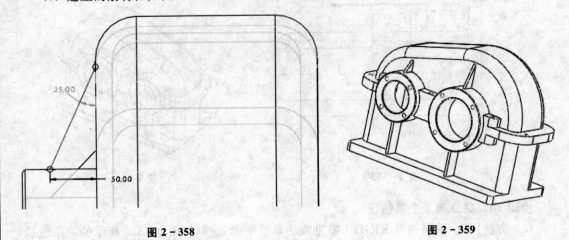

图 2-358　　　　　　　　　　　　　　图 2-359

步骤 22　建立底座安装孔

(1) 单击 按钮，打开拉伸特征操作面板。

(2) 选择实体、单向拉伸、切割，设置拉伸深度为"45"。

(3) 单击〖放置〗面板中的【定义】，打开〖草绘〗。

(4) 选择底座的上表面为草绘平面，RIGHT 基准面为参照。

(5) 单击【草绘】，系统进入草绘工作环境。

(6) 绘制如图 2-360 所示的两个圆。

(7) 单击 按钮，返回拉伸特征操作面板。

(8) 调整材料移除方向，单击 按钮，完成底座安装孔的建立，结果如图 2-361 所示。

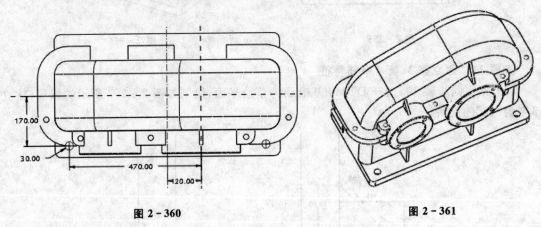

图 2-360　　　　　　　　　　　　　　图 2-361

步骤 23　镜像复制

(1) 单击菜单【编辑】→【特征操作】，打开〖特征〗。

(2) 依次单击【复制】→【镜像】→【选取】→【独立】→【完成】。

(3) 按下键盘的"Shift"键，在模型树中依次单击"伸出项标识 616"和"切剪标识 1556"，选中如图 2-362 所示的特征。

(4) 选择 FRONT 基准面为镜像平面，完成上述所选特征的镜像复制，结果如图 2-363

所示。

图2-362

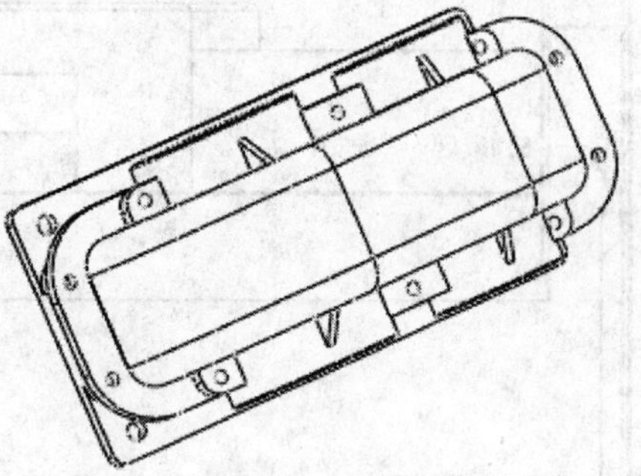

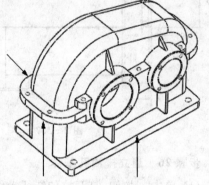

图2-363

提示：也可通过建立组，然后对组镜像复制。具体操作：按下键盘的"Shift"键，在模型树中依次单击"伸出项标识616"和"切剪标识1556"，选中如图2-362所示的特征，单击右键快捷菜单中的【组】，选中建立的组，单击 按钮，打开镜像特征操作面板，选择FRONT基准面为镜像平面，单击 按钮，完成镜像复制。

步骤24　建立圆角

（1）单击 按钮，打开圆角特征操作面板，设定圆角半径为"3"。

（2）选择图2-364中箭头指示的边线。

（3）单击 按钮，完成圆角特征的建立。

图2-364

步骤25　使用拉伸工具切割底座

（1）单击 按钮，打开拉伸特征操作面板。

（2）选择拉伸方式为实体、穿透、切割，如图2-365所示。

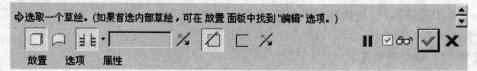

图2-365

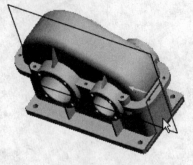

图 2-366

(3) 单击〖放置〗面板中的【定义】按钮,打开〖草绘〗对话框,选择图 2-366 中鼠标指示的面为草绘平面,选择 FRONT 基准面为参照。

(4) 单击【草绘】,系统进入草绘工作环境。

(5) 绘制如图 2-367 所示的拉伸截面。

(6) 单击 ✓ 按钮,返回拉伸特征操作面板。

(7) 调整材料移除方向,单击 按钮,完成底座切割,结果如图 2-368 所示。

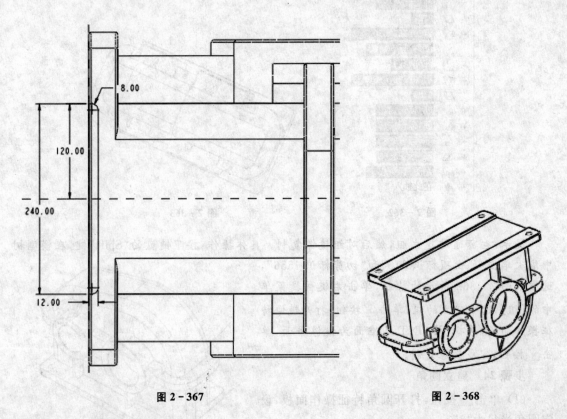

图 2-367　　　　　　　　　　　　图 2-368

步骤 26　建立排油孔基体

(1) 单击 按钮,打开拉伸特征操作面板。

(2) 选择拉伸方式为实体、单向拉伸,设置拉伸深度为"15"。

(3) 单击〖放置〗面板中的【定义】,打开〖草绘〗,单击【使用先前的】。

(4) 单击【草绘】,系统进入草绘工作环境。

(5) 绘制如图 2-369 所示的拉伸截面。

(6) 单击 ✓ 按钮,返回拉伸特征操作面板。调整拉伸方向,单击 ✓ 按钮,完成特征的建立,结果如图 2-370 所示。

步骤 27　建立排油孔

(1) 单击 按钮,打开拉伸特征操作面板。

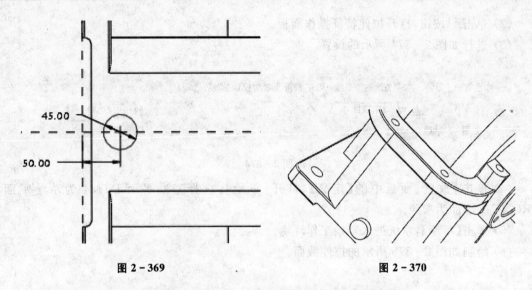

图 2-369　　　　　　　　　　　图 2-370

(2) 选择拉伸方式为实体、单向拉伸、切割,设置拉伸深度为"65"。
(3) 单击〖放置〗面板中的【定义】,打开〖草绘〗,单击【使用先前的】。
(4) 单击【草绘】,系统进入草绘工作环境。
(5) 绘制如图 2-371 所示的拉伸截面。

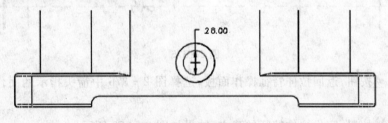

图 2-371

(6) 单击 ✓ 按钮,返回拉伸特征操作面板。
(7) 调整材料移除方向,单击 ✓ 按钮,完成排油孔的建立,结果如图 2-372 所示。

步骤 28　建立注油孔基体

(1) 建立一平行于基准平面 DTM1,且偏移距离为"310"的基准面 DTM4,如图 2-373 所示。

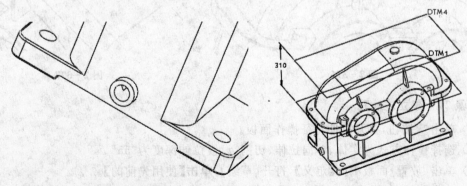

图 2-372　　　　　　　　　　　图 2-373

(2) 单击 按钮，打开拉伸特征操作面板。

(3) 进行如图 2-374 所示的设置。

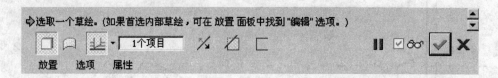

图 2-374

(4) 单击〖放置〗面板中的【定义】，打开〖草绘〗，选择基准平面 DTM4 为草绘平面，FRONT 基准面为参照。

(5) 单击【草绘】，系统进入草绘工作环境。

(6) 绘制如图 2-375 所示的拉伸截面。

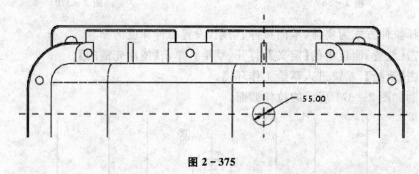

图 2-375

(7) 单击 按钮，返回拉伸特征操作面板，选择图 2-376 中箭头指示的面作为拉伸的终止面。

(8) 单击 按钮，完成拉伸特征的建立，结果如图 2-377 所示。

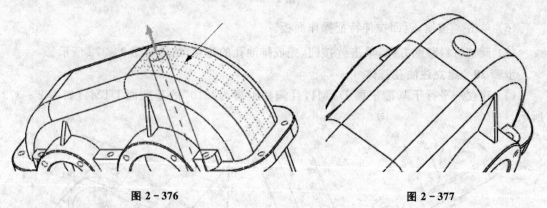

图 2-376　　　　　　　　　　　　图 2-377

步骤 29　建立注油孔

(1) 单击 按钮，打开拉伸特征操作面板。

(2) 选择拉伸方式为实体、单向拉伸、切割，设置拉伸深度为"55"。

(3) 单击〖放置〗面板中的【定义】，打开〖草绘〗，单击【使用先前的】。

(4) 单击【草绘】，系统进入草绘工作环境。

(5) 绘制如图 2-378 所示的拉伸截面。

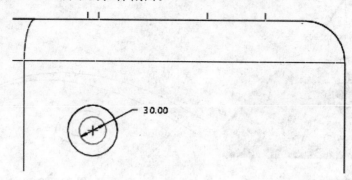

图 2-378

(6) 单击 ✓ 按钮，返回拉伸特征操作面板。

(7) 调整材料移除方向，单击 ✓ 按钮，完成注油孔的建立，结果如图 2-379 所示。

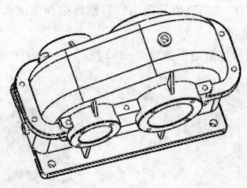

图 2-379

步骤 30　为注油孔建立拔模斜度

(1) 单击 按钮，打开拔模特征操作面板。

(2) 选择注油孔的上端面作为中性面（即拔模枢轴），圆柱的侧面为拔模面，设定拔模角度为"15"，如图 2-380 所示。

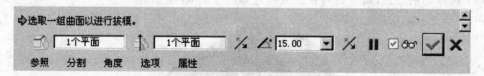

图 2-380

(3) 单击 按钮，调整拔模方向为如图 2-381 所示。

(4) 单击 ✓ 按钮，完成拔模特征的建立，结果如图 2-382 所示。

步骤 31　修饰排油孔与注油孔

(1) 单击 按钮，打开圆角特征操作面板。

(2) 设定圆角半径为"8"，分别选择排油孔圆柱与箱体的相交线、注油孔圆台与箱体的交线。

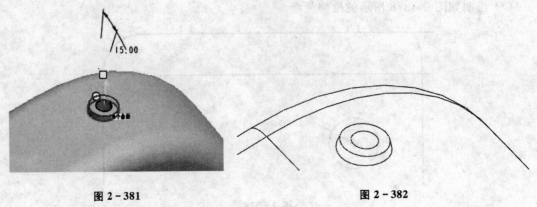

图2-381　　　　　　　　　　　　　　　图2-382

(3) 单击✓按钮，完成圆角特征的建立。

(4) 单击按钮，打开倒角特征操作面板。

(5) 设定倒角方式为"D×D"，D值设定为"2"，然后选择注油孔上端面的外缘边线，单击✓按钮，完成倒角特征的建立。

(6) 对排油孔、注油孔修饰的结果如图2-383所示（左图为注油孔，右图为排油孔）。

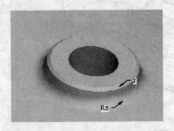 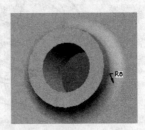

图2-383

步骤32　使用基准面切割实体，完成最终模型的建立

(1) 选择基准平面DTM1，然后单击菜单【编辑】→【实体化】命令，打开实体化特征操作面板。

(2) 选择切割方式，调整材料移除方向为如图2-384所示。

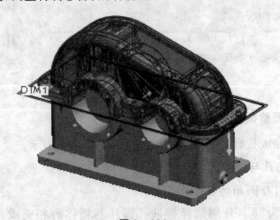

图2-384

(3) 单击 ✓ 按钮，完成齿轮减速箱盖模型的建立，如图 2-385 所示。

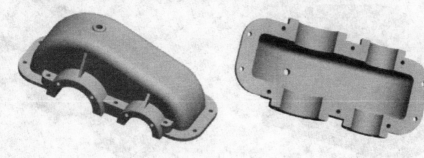

图 2-385

步骤 33　保存文件

单击菜单【文件】→【保存】，保存当前模型文件，然后关闭当前工作窗口。

2.13　齿轮减速箱箱体

本例建立如图 2-386 所示的减速箱箱体模型。

该模型是在减速箱箱盖的基础上重新定义修改而成。通过构建一个模型，实现两个相互配合零件的创建，是非常高效实用的建模技巧。

步骤 1　打开练习文件

(1) 单击菜单【文件】→【打开】命令。

(2) 打开配书光盘中的模型文件"2-12.prt"，如图 2-387 所示。

图 2-386

图 2-387

步骤 2　重定义特征

(1) 在模型树中右击实体化特征 切剪 标识6923 按钮，单击快捷菜单中的【编辑定义】，重新打开实体化特征操作面板，单击 ✗ 按钮调整材料移除方向为如图 2-388 所示。

(2) 单击 ✓ 按钮，完成减速箱箱体模型的建立，结果如图 2-389 所示。

步骤 3　保存文件

单击菜单【文件】→【保存】，保存当前模型文件，然后关闭当前工作窗口。

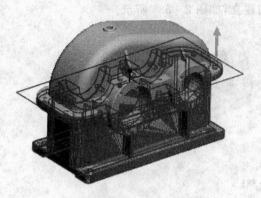

图 2-388

图 2-389

2.14 装饰罩造型

本例建立如图 2-390 所示的零件模型。构建该模型需使用拉伸、孔、阵列、环形折弯等建模工具。

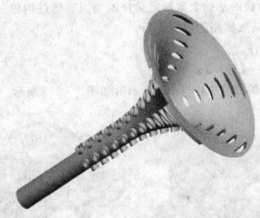

图 2-390

该模型的基本制作过程如图 2-391 所示。

步骤 1 建立新文件

（1）单击工具栏中的新建文件 按钮，在弹出的〖新建〗对话框中选择"零件"类型，并选中"使用缺省模板"选项，在〖名称〗栏输入新建文件名"2-14"。

（2）单击〖新建〗对话框中的【确定】按钮，进入零件设计工作界面。

步骤 2 使用拉伸工具建立一长方体

（1）单击特征工具栏中的 按钮，打开拉伸特征操作面板。

（2）单击〖放置〗面板中的【定义】，系统显示〖草绘〗。选择 FRONT 基准面为草绘平面，RIGHT 基准面为参照平面，接受系统默认的视图方向。

（3）单击【草绘】，进入草绘工作环境，绘制如图 2-392 所示的拉伸截面。

（4）单击草绘命令工具栏中的 按钮，返回特征操作面板，设定拉伸长度为"0.25"，单击

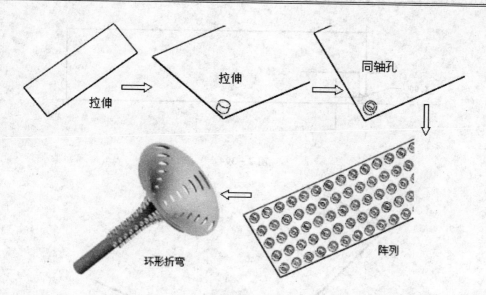

图 2-391

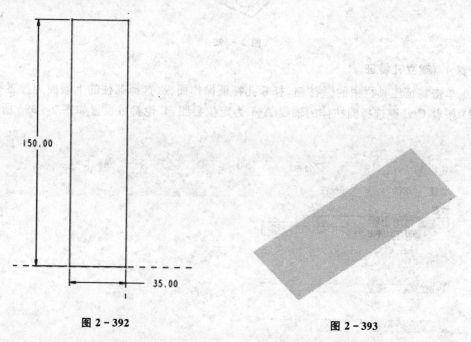

图 2-392　　　　　　　　　　　图 2-393

步骤 3　使用拉伸工具建立一长方体

（1）单击特征工具栏中的 按钮，打开拉伸特征操作面板。

（2）单击〖放置〗面板中的【定义】，系统显示〖草绘〗。

（3）选择长方体上表面为草绘平面，单击【草绘】，进入草绘工作环境，绘制如图 2-394 所示的一个圆作为拉伸截面。

（4）单击 按钮，完成草图绘制返回特征操作面板，设定拉伸长度为"2.5"，单击 按钮，完成特征的建立，如图 2-395 所示。

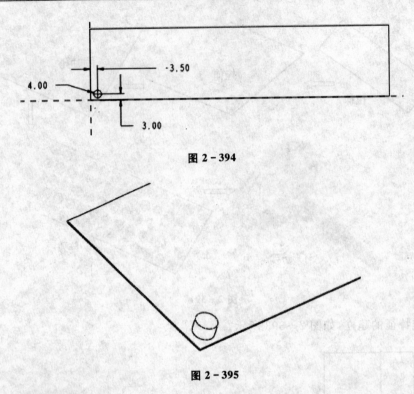

图 2-394

图 2-395

步骤 4 建立孔特征

（1）单击特征工具栏中的 按钮，打开孔特征操作面板，选择圆柱的上端面为放置平面。

（2）按着 Ctrl 键选择圆柱体的轴线 A_1 为定位参照，其他参数设置如图 2-396 所示。

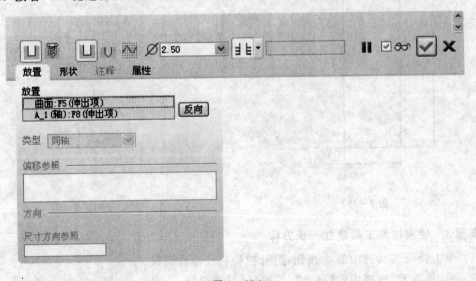

图 2-396

（3）单击 按钮，完成特征的建立，如图 2-397 所示。

步骤 5 建立组特征

（1）在模型树中选择圆柱体特征和孔特征，如图 2-398 所示。

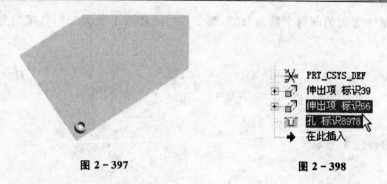

图 2-397　　　　　　　　　图 2-398

(2) 单击右键菜单中的【组】,在模型树中选中刚刚建立的组,对其重命名为"w"。

步骤 6　阵列

(1) 在模型树中选中建立的组"w",单击特征工具栏中的 ▦ 按钮,打开阵列特征操作面板。

(2) 在模型中选中尺寸"3.5",在弹出的文本框中输入该尺寸方向的阵列间距"7",如图 2-399 所示。

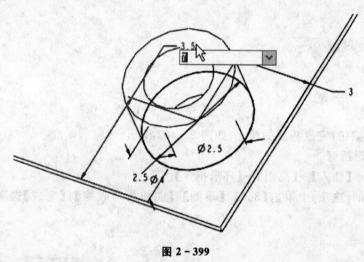

图 2-399

(3) 在特征操作面板中,激活第 2 方向的阵列尺寸,在模型中选择尺寸"3",在弹出的文本框中输入"7",如图 2-400 所示。

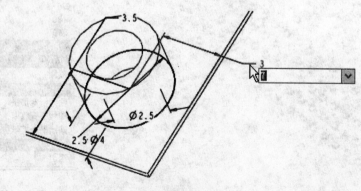

图 2-400

(4) 设定第 1 方向的阵列个数为"15",第 2 方向的阵列个数为"5",各项设置如图 2－401 所示。

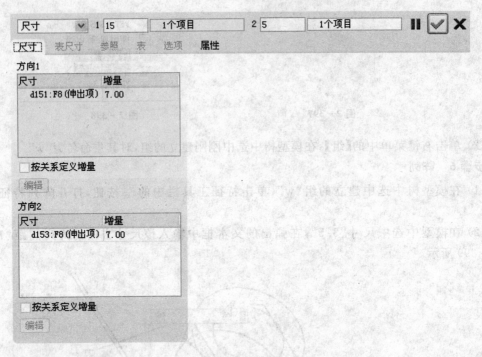

图 2－401

(5) 单击 ✓ 按钮,完成特征的建立,如图 2－402 所示。

步骤 7　环形折弯

(1) 单击菜单【插入】→【高级】→【环形折弯】。

(2) 在弹出的〖选项〗中单击【360】|【单侧】|【曲线折弯收缩】|【完成】选项,如图 2－403 所示。

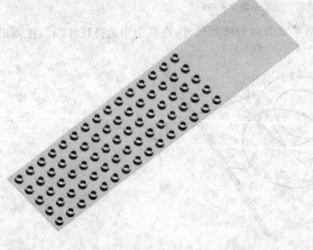

图 2－402　　　　　　　　　　　图 2－403

（3）系统提示"选择要折弯的实体、面组或基准曲线"，在模型中选择长方体特征为要折弯的实体，如图 2-404 所示，然后单击〖定义折弯〗菜单中的【完成】，如图 2-405 所示。

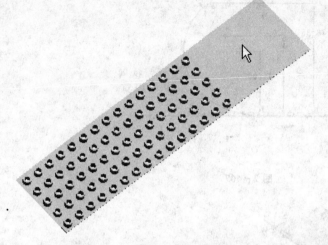

图 2-404　　　　　　　　　　　图 2-405

（4）选择图 2-406 中鼠标指示的长方体侧面为草绘平面。

图 2-406

（5）依次单击【正向】→【缺省】，进入草绘工作环境。

（6）使用草绘工具栏中的 按钮建立一参照坐标系，然后绘制如图 2-407 所示的折弯曲线。

（7）单击草绘工具栏中的 按钮，完成折弯曲线绘制，系统提示"选择两平行面定义折弯长度"，选择图 2-408 中箭头和鼠标指示的长方体两侧面定义折弯长度。

（8）最后完成的模型如图 2-409 所示。

步骤 8　保存文件

单击菜单【文件】→【保存】，保存当前模型文件，然后关闭当前工作窗口。

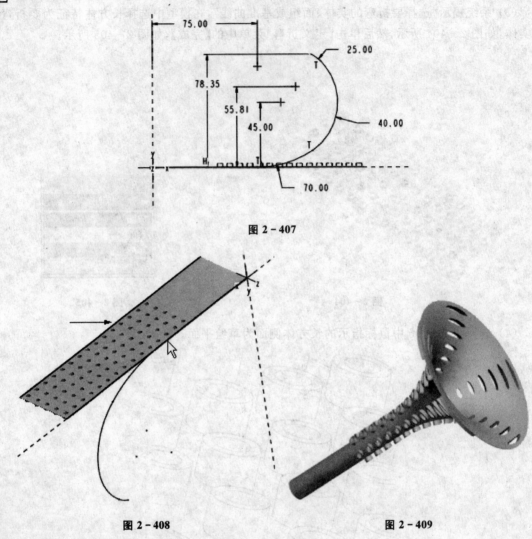

图 2-407

图 2-408　　　　　　　　　　图 2-409

2.15 风扇

本例建立如图 2-410 所示的零件模型。

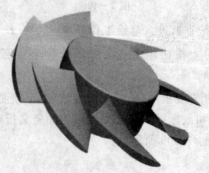

图 2-410

该模型的基本制作过程如图 2-411 所示。

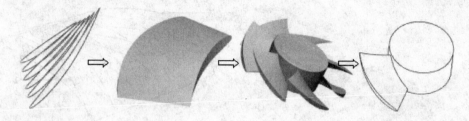

图 2-411

步骤 1　打开练习文件

(1) 单击工具栏中的 ☞ 按钮。

(2) 打开配书光盘中的文件"2-15exe.prt",如图 2-411 左图所示。

步骤 2　建立扇叶曲面

(1) 单击菜单【插入】→【边界混合】,打开边界混合特征操作面板,如图 2-412 所示。

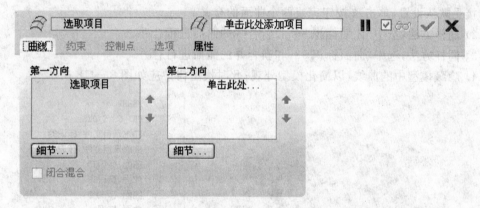

图 2-412

(2) 按下 Ctrl 键,从右到左依次选中上层的六条曲线,如图 2-413 所示。

(3) 单击 ✓ 按钮,完成曲面的建立,如图 2-414 所示。

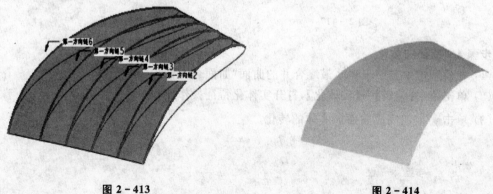

图 2-413　　　　　　　　　　　　图 2-414

(4) 方法同上,使用边界混合工具,依次选择下层的 6 条曲线,完成曲面的建立,如图 2-415 所示。

（5）方法同上，使用边界混合工具，选择图2-416中箭头1指示的两条曲线建立曲面。

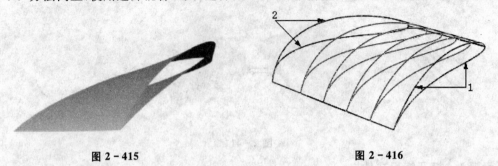

图2-415　　　　　　　　　　　　　　图2-416

（6）方法同上，使用边界混合工具，选择图2-416中箭头2指示的两条曲线建立曲面，完成的曲面模型如图2-417所示。

步骤3　合并曲面

（1）在模型树中同时选中"曲面标识53"、"曲面标识68"，单击 ⬜ 按钮打开合并特征操作面板，接受默认设置，单击 ✓ 按钮完成两个曲面的合并。

（2）同样方法，选中"曲面标识80"和新合并的曲面进行合并。

（3）同样方法，选中"曲面标识93"和新合并的曲面进行合并。

（4）隐藏模型中的曲线，以简化模型外观，此时模型树中应如图2-418所示。

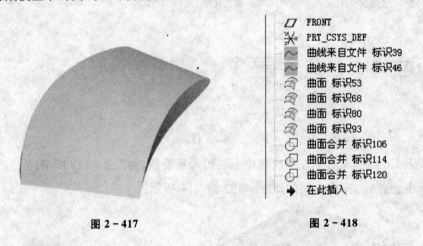

图2-417　　　　　　　　　　　　　　图2-418

步骤4　曲面实体化

（1）在模型树中选中步骤3最终合并的曲面"曲面合并 标识120"。

（2）单击菜单【编辑】→【实体化】，打开实体化特征操作面板，如图2-419所示。

（3）单击 ✓ 按钮完成曲面向实体的转化。

图2-419

步骤5　建立基准平面DTM1

使用基准平面工具，选择RIGHT基准平面，以偏移方式建立一基准平面DTM1，偏移尺寸为"5",如图 2-420 所示。

步骤 6　建立轮箍基体

(1) 单击 按钮,打开拉伸特征操作面板。

(2) 单击〖放置〗面板中的【定义】,系统显示〖草绘〗。

(3) 选择基准面 DTM1 为草绘平面,绘制如图 2-421 所示的一个圆,单击 按钮,完成拉伸截面的绘制,返回特征操作面板。

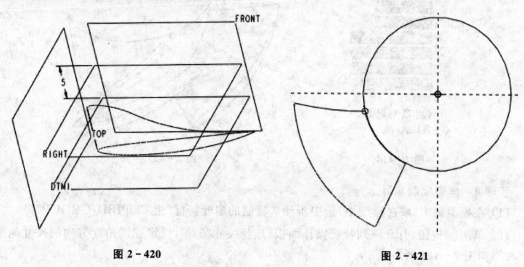

图 2-420　　　　　　　　　图 2-421

(4) 设定拉伸长度为"12",拉伸方式为"对称",如图 2-422 所示。

(5) 单击 按钮,完成拉伸特征建立,如图 2-423 所示。

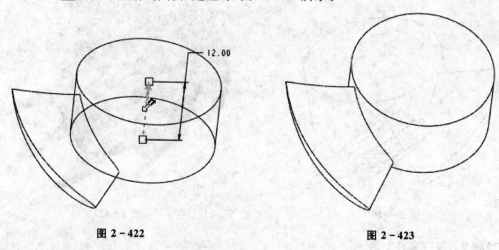

图 2-422　　　　　　　　　图 2-423

步骤 7　旋转复制扇叶

(1) 单击菜单【编辑】→【特征操作】→【复制】→【移动】|【选取】|【独立】|【完成】选项。

(2) 在模型树中进行如图 2-424 所示的选择,然后单击【完成】。

(3) 单击【旋转】→【曲线/边/轴】选项。

(4) 选择圆柱体的基准轴 A_3 作为旋转的方向参照。单击〖方向〗中的【正向】,在消息窗口中输入旋转角度"52"。

(5)单击【完成移动】,再单击鼠标中键,完成扇叶的复制,如图 2-425 所示。

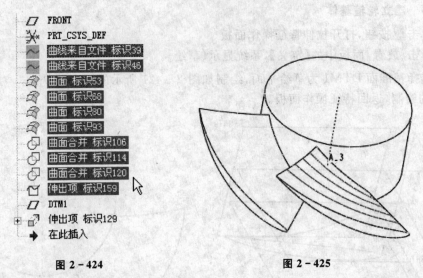

图 2-424   图 2-425

步骤 8   阵列复制扇叶

(1)在模型树中(或在模型中)选中步骤 7 复制的扇叶特征"组 COPIED_GROUP"。

(2)单击 按钮,打开阵列特征操作面板,选择尺寸"52°",设定在该角度方向的尺寸间距为"52",如图 2-426 所示。

(3)在阵列特征操作面板中输入阵列子特征数量为 6(包含原始特征)。

(4)单击阵列特征操作面板中的 按钮,完成阵列特征,结果如图 2-427 所示。

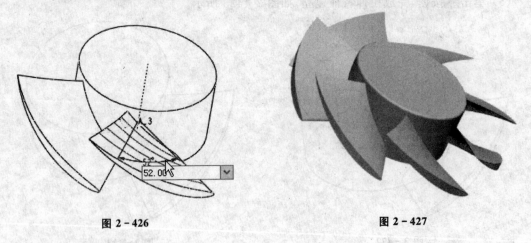

图 2-426   图 2-427

步骤 9   保存文件

单击菜单【文件】→【保存】,保存当前模型文件,然后关闭当前工作窗口。

2.16 加湿器喷气嘴罩

本例完成的零件模型如图 2-428 所示。构建该模型使用可变剖面扫描特征、关系式等建模工具。

步骤1 建立新文件

(1) 单击菜单【文件】→【新建】,在打开的【新建】中选择"零件"类型,在〖名称〗栏输入名称"2-16"。

(2) 选中"使用缺省模板"选项,单击【确定】,进入零件设计模式。

步骤2 绘制原始轨迹线

(1) 单击特征工具栏中的 按钮,打开〖草绘〗对话框。

(2) 选择 FRONT 基准面为草绘平面,RIGHT 基准面作为参照,单击【草绘】,进入草绘工作界面。

(3) 绘制如图 2-429 所示的一个圆。

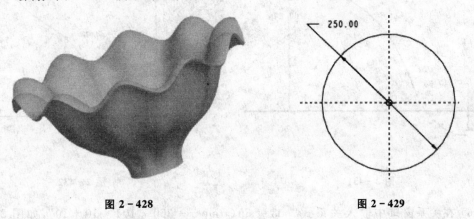

图 2-428   图 2-429

(4) 单击 按钮,完成曲线的绘制。

步骤3 建立可变剖面扫描特征

(1) 单击 按钮,打开可变剖面扫描特征操作面板。

(2) 选择步骤2建立的曲线为原始轨迹,其他各选项与参数进行如图 2-430 所示的设置。

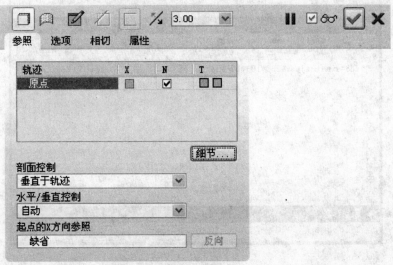

图 2-430

(3) 在〖选项〗面板中选择"可变剖面"选项。

(4) 单击 按钮,进入草绘工作环境,绘制如图 2-431 所示的样条线。

(5) 单击菜单【工具】→【关系】,打开〖关系〗窗口,模型中尺寸显示为符号形式,如图 2-432 所示。

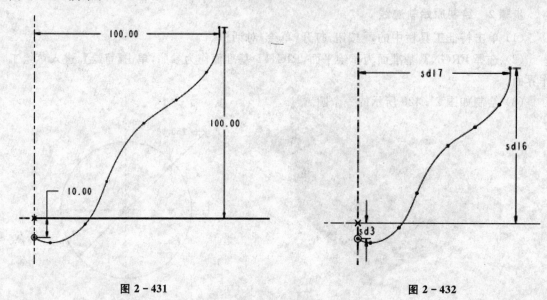

图 2-431　　　　　　　　　　　图 2-432

(6) 在关系窗口中输入关系式"sd3＝sin(trajpar * 360 * 10) * 10＋10",如图 2-433 所示。

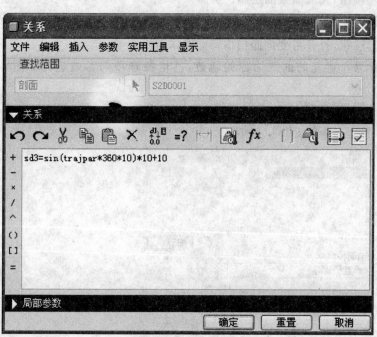

图 2-433

(7) 单击【确定】,完成关系式的添加。

(8) 单击 ✓ 按钮,完成草图绘制,单击特征操作面板中的 ✓ 按钮,完成可变剖面扫描特征的建立,结果如图 2-434 所示。

步骤 4　建立圆角特征

(1) 单击 按钮,打开倒圆角特征操作面板。

(2) 输入圆角半径为"1",按下 Ctrl 键,依次选中模型大端的两条边线,对其建立圆角,如图 2-435 所示。

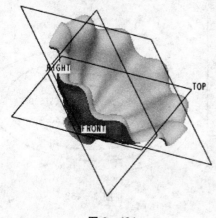

图 2-434　　　　　　　　　　　　图 2-435

步骤 5　保存文件

单击菜单【文件】→【保存】,保存当前模型文件。

2.17　卷　簧

本例建立如图 2-436 所示的零件模型。构建该模型主要使用"从方程建立曲线"、扫描特征等建模工具。

步骤 1　建立新文件

(1) 单击工具栏中的 按钮,在弹出的〖新建〗对话框中选择"零件"类型,并选中"使用缺省模板"选项,在〖名称〗栏输入新建文件名"2-17"。

(2) 单击〖新建〗对话框中的【确定】按钮,进入零件设计工作界面。

步骤 2　用方程建立基准曲线

(1) 单击基准特征工具栏中的 按钮,打开如图 2-437 所示的〖曲线选项〗菜单。

图 2-436

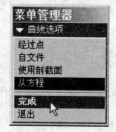

图 2-437

(2) 单击【从方程】|【完成】→【选取】,在模型树中选择系统默认的坐标系"PRT_CSYS_DEF"。

(3) 在弹出的〖设置坐标类型〗中选择【笛卡尔】,系统弹出〖记事本〗窗口。

(4) 在记事本输入如图 2-438 所示的内容,单击〖记事本〗窗口的【文件】→【保存】,保存当前记事本文件,单击【文件】→【退出】,关闭〖记事本〗窗口。

(5) 单击〖曲线:从方程〗对话框中的【确定】,完成曲线的建立,如图 2-439 所示。

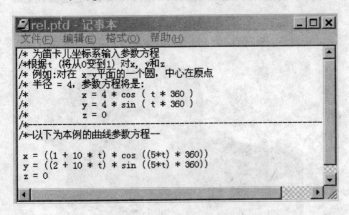

图 2-438

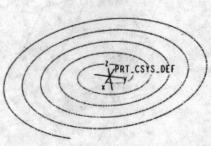

图 2-439

步骤 3 草绘方式建立基准曲线

(1) 单击特征工具栏中的 按钮,打开〖草绘〗对话框。

(2) 选择 TOP 基准面为草绘平面,RIGHT 基准面作为参照面,如图 2-440 所示。

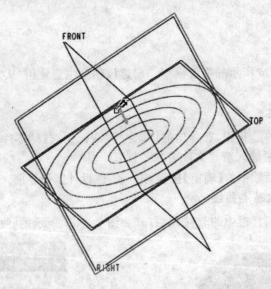

图 2-440

(3) 单击【草绘】,进入草绘工作环境,绘制如图 2-441 所示的与涡形曲线相切连接的线段。

(4) 单击 按钮,完成曲线的建立,如图 2-442 所示。

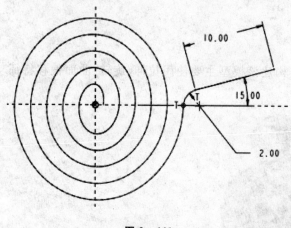

图 2-441

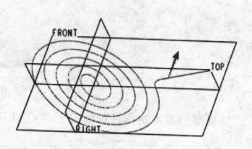

图 2-442

步骤 4 建立扫描特征

(1) 单击菜单【插入】→【扫描】→【伸出项】。

(2) 在弹出的〖扫描轨迹〗菜单中单击【选取轨迹】→【依次】|【选取】。

(3) 按下 Ctrl 键,在模型中依次选择步骤 2、步骤 3 建立的曲线,然后单击【完成】,结果如图 2-443 所示。

(4) 单击〖方向〗菜单中的【正向】,进入草绘工作环境。

图 2-443

(5) 绘制 0.5×5 的一个矩形作为扫描截面,如图 2-444 所示。

(6) 单击 ✓ 按钮,完成草图绘制,再单击【确定】,完成扫描特征的建立,结果如图 2-445 所示。

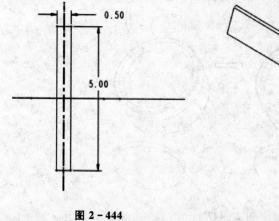

图 2-444

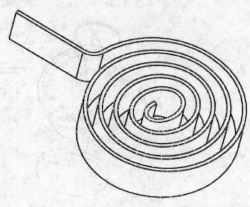

图 2-445

步骤 5 保存文件

单击菜单【文件】→【保存】,保存当前模型文件,然后关闭当前工作窗口。

2.18 测力计造型

本例建立如图2-446所示的零件模型。构建该模型主要使用拉伸、旋转、曲面偏移特征等建模工具。

图2-446

该模型的基本制作过程如图2-447所示。

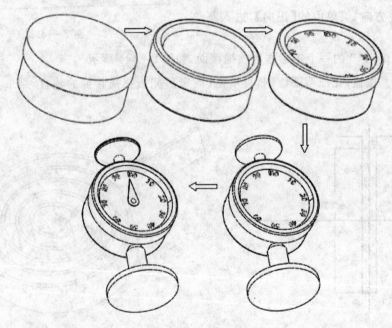

图2-447

步骤1 建立新文件

(1) 单击工具栏中的 按钮,在弹出的〖新建〗对话框中选择"零件"类型,并选中"使用缺省模板"选项,在〖名称〗栏输入新建文件名"2-18"。

(2) 单击〖新建〗对话框中的【确定】,进入零件设计工作界面。

步骤2 建立旋转特征

(1) 单击 按钮,打开旋转特征操作面板,单击〖位置〗面板中的【定义】,打开〖草绘〗。

(2) 选择 FRONT 基准面为草绘平面,RIGHT 基准面为视图方向参照。

(3) 单击〖草绘〗中的【草绘】,进入草绘工作环境。

(4) 绘制如图 2-448 所示的一条中心线和旋转截面,然后单击草绘命令工具栏中的 按钮。

(5) 单击旋转特征操作面板中的 按钮,完成旋转特征的建立,如图 2-449 所示。

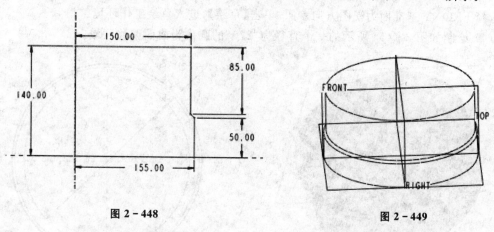

图 2-448   图 2-449

步骤3 建立倒圆角特征

(1) 单击 按钮(或单击菜单【插入】→【倒圆角】),打开倒圆角特征操作面板。

(2) 按下 Ctrl 键,如图 2-450 所示,选择 3 条圆柱边线,建立半径为"5"的圆角。

(3) 单击 按钮,完成圆角的建立。

步骤4 建立曲面偏移特征

(1) 在选择过滤器栏中选择"几何",用鼠标拾取模型大端面,如图 2-451 所示。

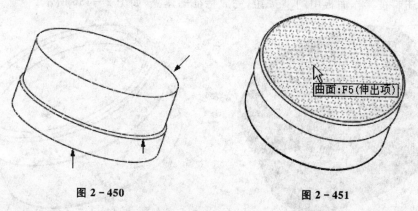

图 2-450   图 2-451

(2) 单击菜单【编辑】→【偏移】选项,打开偏移特征操作面板,各选项设置如图 2-452 所示。

(3) 单击〖参照〗中的【定义】,打开〖草绘〗。如图 2-453 所示,选择模型大端面为草绘平

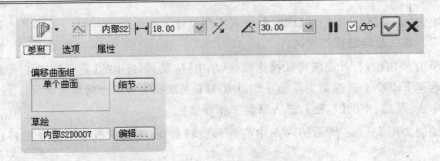

图 2-452

面,选择FRONT基准面为视图方向参照,单击【草绘】,进入草绘工作环境。

(4) 绘制如图2-454所示的一个直径为"270"的圆作为曲面偏移区域。

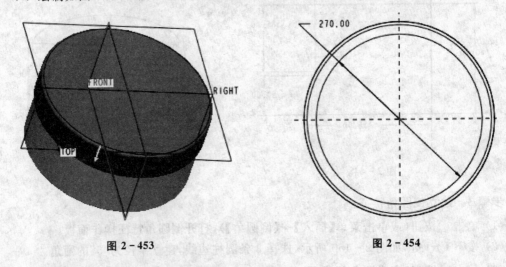

图 2-453　　　　　　　　　　　　　图 2-454

(5) 单击草绘命令工具栏中的 ✓ 按钮,完成草图绘制。

(6) 使用 ╱ 按钮调整特征生成方向为如图2-455所示。

(7) 单击特征操作面板中的 ✓ 按钮,完成特征的建立,如图2-456所示。

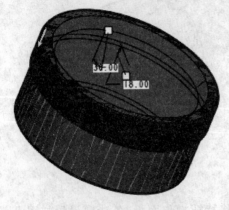
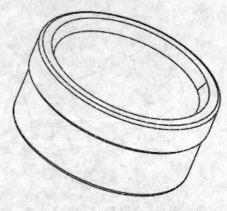

图 2-455　　　　　　　　　　　　　图 2-456

步骤 5 切割零点标记

(1) 单击特征工具栏中的 按钮,打开拉伸特征操作面板,各选项设置如图 2－457 所示。

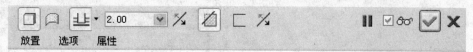

图 2－457

(2) 单击【放置】中的【定义】,打开【草绘】,如图 2－458 所示选择箭头指示的面为草绘平面,选择 FRONT 基准面为视图方向参照。

(3) 单击【草绘】中的【草绘】,进入草绘工作环境。

(4) 绘制如图 2－459 所示的一个 20×5 的矩形,单击 按钮,完成拉伸截面的绘制。

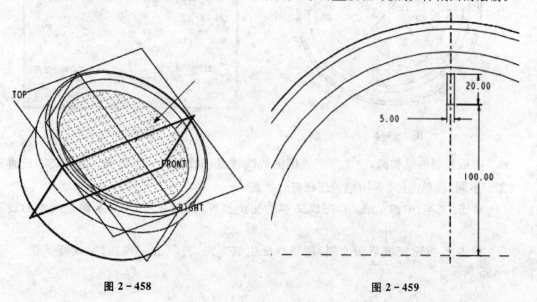

图 2－458   图 2－459

(5) 调整特征生成方向为如图 2－460 所示,单击 按钮,完成拉伸特征建立。

步骤 6 切割数字标记

(1) 单击特征工具栏中的 按钮,打开拉伸特征操作面板,各选项设置如图 2－461 所示。

(2) 单击【放置】中的【定义】,打开【草绘】,单击【使用先前的】,再单击【草绘】,进入草绘工作环境。

(3) 首先绘制一结构圆。具体操作:绘制一个圆,选中该圆,单击右键菜单中的【构建】选项,绘制的结构圆如图 2－462 所示。

图 2－460

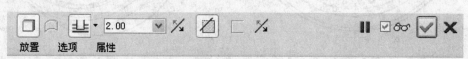

图 2－461

(4) 单击按钮,在图形窗口选中两个点确定文本的起点、高度和方向,在弹出的〖文本〗中输入10 20 … 00文字,设定字体属性并选中"沿曲线放置"如图2-463所示。

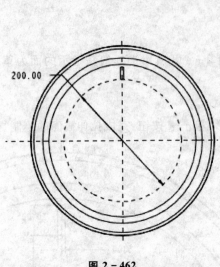

图 2-462

图 2-463

(5) 选取绘制的结构圆,使文字沿该圆的边线放置,如图2-464所示。如果文字放置方向与图示不同,应单击〖文本〗的 按钮进行调整。

(6) 单击〖文本〗中的 按钮,完成文本的初步放置,按图2-464所示调整文本的放置尺寸。

(7) 单击 按钮完成草图绘制,调整特征生成方向,再单击 按钮,完成特征建立,如图2-465所示。

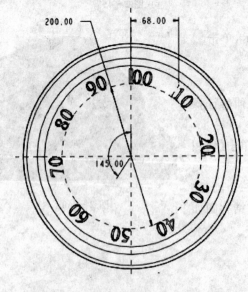

图 2-464

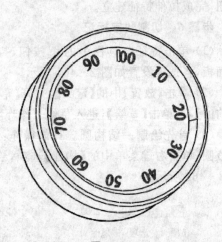

图 2-465

步骤 7　建立指针

（1）单击特征工具栏中的 按钮，打开拉伸特征操作面板，各选项设置如图 2-466 所示。

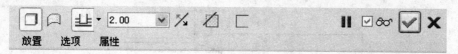

图 2-466

（2）单击〖放置〗中的〖定义〗，打开〖草绘〗，单击〖使用先前的〗，再单击〖草绘〗，进入草绘工作环境。

（3）绘制如图 2-467 所示的拉伸截面。

（4）单击 按钮完成草图绘制，调整特征生成方向，再单击 按钮，完成特征建立，如图 2-468 所示。

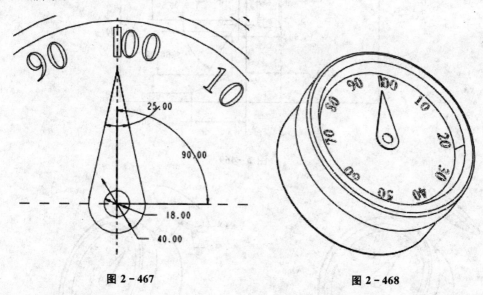

图 2-467　　　　　　　　　　图 2-468

步骤 8　建立旋转特征

（1）单击 按钮，打开旋转特征操作面板，单击〖位置〗中的〖定义〗，打开〖草绘〗。

（2）选择 RIGHT 基准面为草绘平面，TOP 基准面为视图方向参照。

（3）单击〖草绘〗中的〖草绘〗，进入草绘工作环境。

（4）绘制如图 2-469 所示的一条中心线和旋转截面，然后单击草绘命令工具栏中的 按钮。

（5）单击旋转特征操作面板中的 按钮，完成旋转特征的建立，如图 2-470 所示。

步骤 9　建立倒圆角特征

使用倒圆角工具建立如图如图 2-471 所示的圆角特征。

步骤 10　保存文件

单击菜单〖文件〗→〖保存〗命令，保存当前模型文件，然后关闭当前工作窗口。

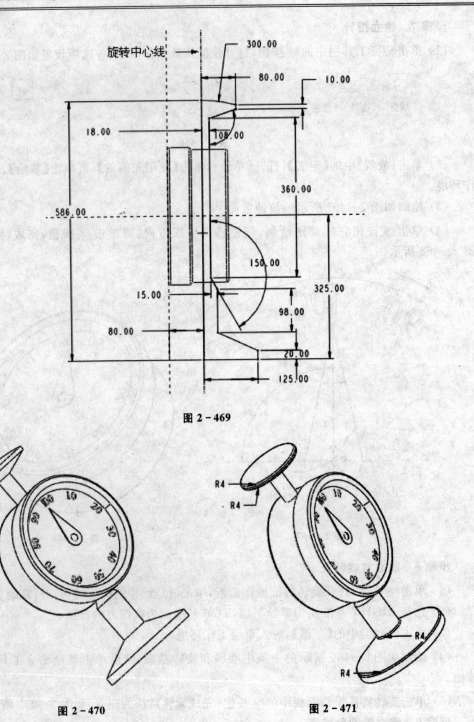

图 2-469

图 2-470　　　　　图 2-471

2.19 异型弹簧

本例建立如图 2-472 所示的零件模型。构建该模型主要使用螺旋扫描、可变剖面扫描特征等建模工具。

步骤 1　建立新文件

(1) 单击工具栏中的 □ 按钮,在弹出的〖新建〗中选择"零件"类型,并选中"使用缺省模板"选项,在〖名称〗栏输入新建文件名"2-19"。

(2) 单击〖新建〗对话框中的【确定】按钮,进入零件设计工作界面。

步骤 2　建立螺旋曲面

(1) 单击菜单【插入】→【螺旋扫描】→【曲面】,打开〖曲面:螺旋扫描〗并弹出〖属性〗,如图 2-473 所示。

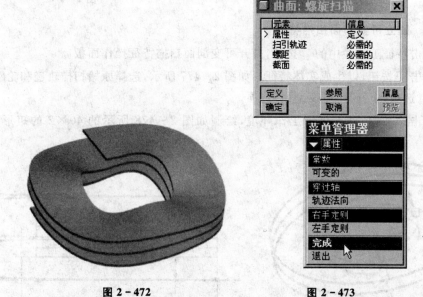

图 2-472　　　　　　图 2-473

(2) 接受〖属性〗中的默认命令【常数】、【穿过轴】、【右手定则】,然后单击【完成】。

(3) 选择 FRONT 基准面作为草绘平面,单击【正向】→【缺省】,进入草绘工作环境。

(4) 绘制如图 2-474 所示的旋转轴和轮廓线。

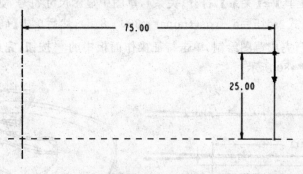

图 2-474

(5) 单击草绘命令工具栏中的 ✓ 按钮,系统再次进入草绘状态,以绘制螺旋扫描剖面。

(6) 在信息区显示的文本框中输入螺距值"9"。

(7) 绘制如图 2-475 所示的一条长为 40 的直线段作为扫描截面。

(8) 单击草绘命令工具栏中的 ✓ 按钮,再单击鼠标中键,完成螺旋曲面特征的建立,如

图 2-476 所示。

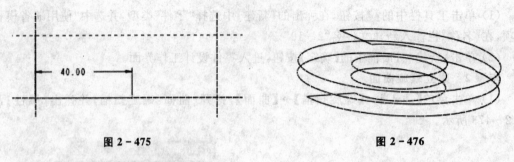

图 2-475　　　　　　　　　　　　　　　图 2-476

步骤 3　建立可变剖面扫描特征

（1）单击特征工具栏中的 按钮,打开可变剖面扫描特征操作面板。

（2）单击 按钮,以生成实体特征。如图 2-477 所示,选择原始扫描轨迹和轮廓线轨迹。

（3）在〖选项〗中选择"可变剖面"选项。

（4）单击 按钮,进入草绘工作环境,绘制如图 2-478 所示的 40×2 的矩形作为扫描剖面。

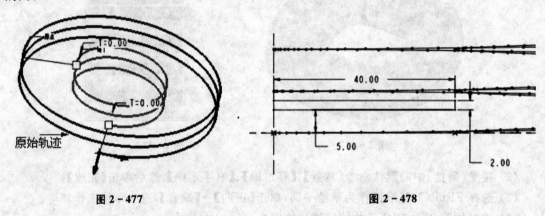

图 2-477　　　　　　　　　　　　　　　图 2-478

（5）单击菜单【工具】→【关系】,打开〖关系〗,草图中显示尺寸符号,如图 2-479 所示。在〖关系〗窗口输入关系式:sd15=5 * cos(trajpar * 360 * 8.5),然后单击【确定】。

（6）单击 按钮,完成草图绘制,单击特征操作面板中的 按钮,完成可变剖面扫描特征的建立,结果如图 2-480 所示。

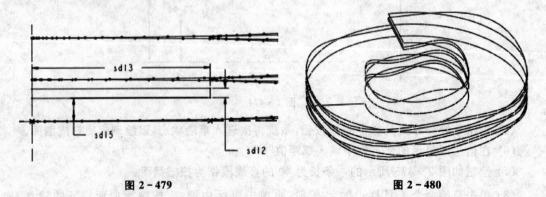

图 2-479　　　　　　　　　　　　　　　图 2-480

(7) 隐藏模型中的曲面，以着色显示模型。

步骤 4　保存文件

单击菜单【文件】→【保存】命令，保存当前模型文件，然后关闭当前工作窗口。

2.20　复合弹簧造型

本例建立如图 2-481 所示的零件模型。构建该模型主要使用“从方程建立曲线”、可变剖面扫描、扫描、关系式特征等建模工具。

图 2-481

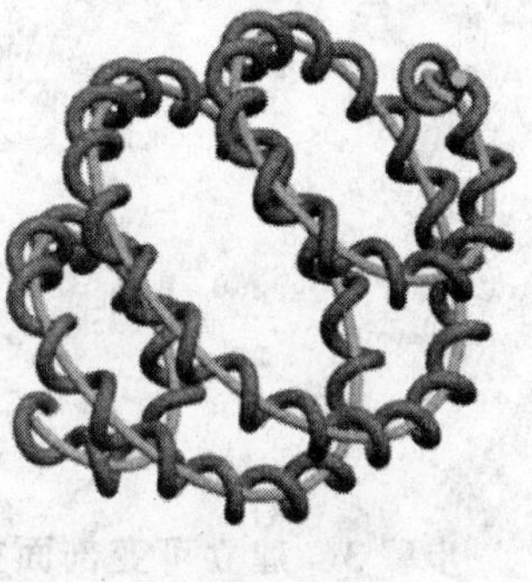

步骤 1　建立新文件

(1) 单击工具栏中的按钮，在弹出的〖新建〗中选择“零件”类型，并选中“使用缺省模板”选项，在〖名称〗栏输入新建文件名“2-20”。

(2) 单击〖新建〗中的【确定】，进入零件设计工作界面。

步骤 2　用方程建立基准曲线

(1) 单击基准特征工具栏中的按钮，打开如图 2-482 所示的〖曲线选项〗。

(2) 单击【从方程】|【完成】→【选取】选项，在模型树中选择系统默认的坐标系“PRT_CSYS_DEF”。

(3) 在弹出的〖设置坐标类型〗中选择【柱坐标】，如图 2-483 所示。

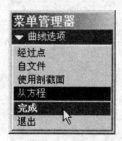

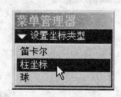

图 2-482

图 2-483

(4) 在弹出的〖记事本〗中输入曲线的柱坐标参数方程如图 2-484 所示。

```
/* 对笛卡儿坐标系，输入参数方程
/* 根据t (将从0变到1)对r, theta和z
/* 例如:对在 x-y平面的一个圆，中心在原点
/* 半径 = 4，参数方程将是:
/*          r = 4
/*      theta = t * 360
/*          z = 0
/*-------------------------------------------
r=1+9*sin(180*t)
theta=t*360*4
z=t*28
```

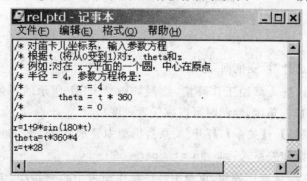

图 2-484

(5) 单击〖记事本〗窗口的【文件】→【保存】，保存当前记事本文件，单击【文件】→【退出】，关闭〖记事本〗。

(6) 单击〖曲线:从方程〗对话框中的【确定】，完成曲线的建立，如图 2-485 所示。

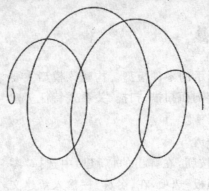

图 2-485

步骤 3　建立可变剖面扫描特征

(1) 单击特征工具栏中的 按钮，打开可变剖面扫描特征操作面板。

(2) 单击 按钮，以生成曲面特征。选择步骤 2 建立的曲线为原始轨迹，其他选项接受系统默认设置，如图 2-486 所示。

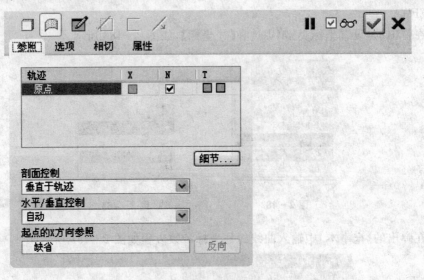

图 2-486

(3) 在〖选项〗中选择"可变剖面"选项。

(4) 单击 按钮，进入草绘工作环境，绘制如图 2-487 所示的一条线段(线段长度为 1 mm，与竖直中心线成一角度，绘制时可以成任意角度)。

(5) 单击菜单【工具】→【关系】，打开〖关系〗，模型中显示尺寸代号，如图 2-488 所示。

(6) 在〖关系〗中添加关系式:sd5＝5＋trajpar * 360 * 50。

(7) 单击 按钮，完成草图绘制，再单击特征操作面板中的 按钮，完成可变剖面扫描特征的建立，结果如图 2-489 所示。

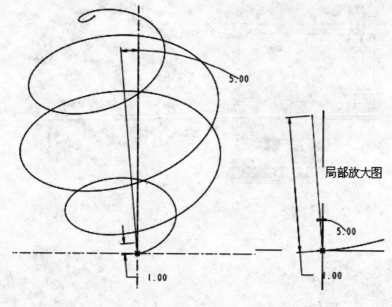

局部放大图

图 2-487

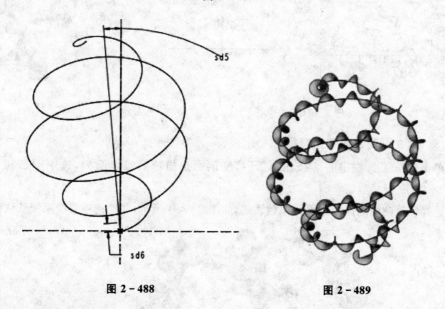

图 2-488   图 2-489

步骤 4 建立扫描特征

(1) 单击菜单【插入】→【扫描】→【伸出项】,弹出如图 2-490 所示的对话框与菜单。

(2) 单击【选取轨迹】→【依次】→【选取】。

(3) 选取如图 2-491 中鼠标指示的螺旋曲面的外侧边缘,然后单击【完成】→【正向】进入草绘工作环境。

(4) 绘制如图 2-492 所示的一个圆作为扫描截面。

(5) 单击草绘命令工具栏中的 ✓ 按钮,完成特征截面的绘制。再单击模型对话框中的【确定】,完成扫描特征。完成后的模型,如图 2-493 所示。

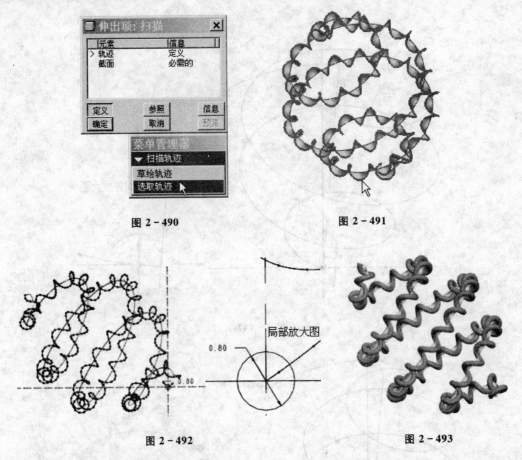

图 2-490　　　　　　　　　　图 2-491

图 2-492　　　　　　　　　　图 2-493

步骤 5　建立可变剖面扫描特征

（1）单击特征工具栏中的 按钮，打开可变剖面扫描特征操作面板，选中 按钮，以生成实体特征。

（2）选择螺旋曲面的内侧边缘为原始轨迹，如图 2-494 所示，其他选项接受系统默认设置。

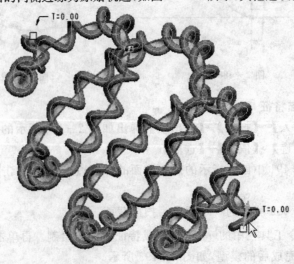

图 2-494

(3) 在〖选项〗中选择"可变剖面"选项。

(4) 单击 按钮,进入草绘工作环境,在起始点绘制如图 2-495 所示的一个小圆作为扫描截面。

(5) 单击 按钮,完成草图绘制,单击特征操作面板中的 按钮,完成可变剖面扫描特征的建立,结果如图 2-496 所示。

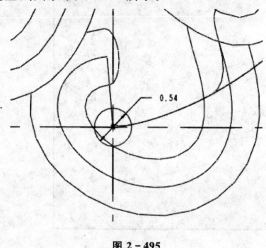

图 2-495

图 2-496

步骤 6 保存文件

单击菜单【文件】→【保存】,保存当前模型文件,然后关闭当前工作窗口。

2.21 电话接线造型

本例建立如图 2-497 所示的零件模型。构建该模型主要使用造型、可变剖面扫描、扫描特征等建模工具。

步骤 1 建立新文件

(1) 单击工具栏中的 按钮,在弹出的〖新建〗对话框中选择"零件"类型,并选中"使用缺省模板"选项,在〖名称〗栏输入新建文件名"2-21"。

(2) 单击〖新建〗中的【确定】,进入零件设计工作界面。

步骤 2 使用造型工具建立曲线

(1) 单击菜单【插入】→【造型】或单击特征工具栏中的 按钮,进入造型工作环境,如图 2-498 所示。

(2) 单击菜单【造型】→【曲线】或单击 按钮,打开曲线造型特征操作面板,如图 2-499 所示。

(3) 在 TOP 基准面上单击几个点大致定义曲线位置,在特征操作面板中选中"控制点",拖动曲线上相应控制点,大致绘制如图 2-500 所示的曲线。用户也可具体设定各控制点的坐

图 2-497

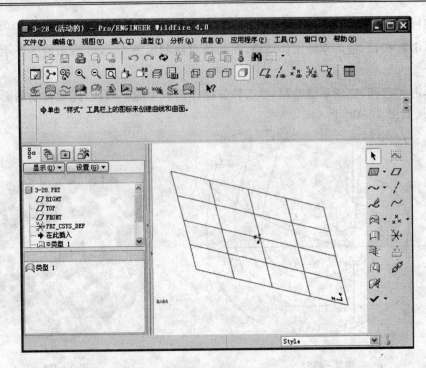

图 2 – 498

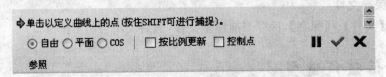

图 2 – 499

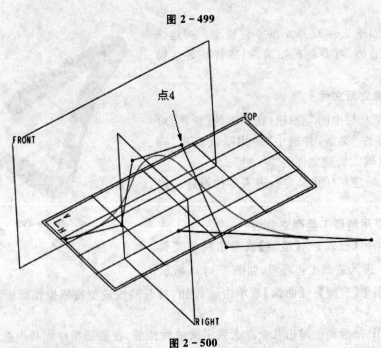

图 2 – 500

标来构建曲线。具体操作:单击 按钮打开编辑曲线操作面板,选择要修改的曲线,打开"点"面板,单击要进行修改的控制点,在"点"选项卡的"坐标"栏中设定该点的坐标即可,如图2-501所示为设置点4坐标值的情形。

(4) 单击 按钮,完成曲线的建立,再单击 按钮,退出造型工作环境,结果如图2-502所示。

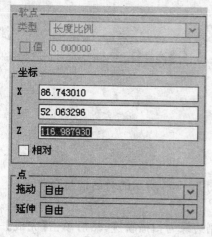

图 2-501

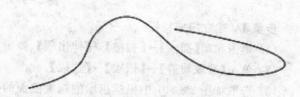

图 2-502

步骤3 建立螺旋曲面特征

(1) 单击特征工具栏中的 按钮,打开可变剖面扫描特征操作面板。

(2) 选中 按钮,以生成曲面特征。选择步骤2建立的曲线为原始轨迹,其他选项接受系统默认设置。

(3) 在〖选项〗面板中选择"可变剖面"选项。

(4) 单击 按钮,进入草绘工作环境,在起点位置绘制如图2-503所示的一条线段(线段长度为12 mm,与水平方向成60°角)。

(5) 单击菜单【工具】→【关系】,打开〖关系〗,模型中显示尺寸代号,如图2-504所示。

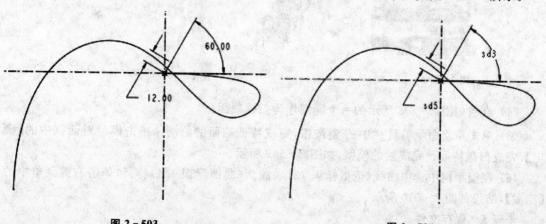

图 2-503　　　　　　　　　　　　图 2-504

(6) 在〖关系〗中添加关系式:sd3 = trajpar * 360 * 45 + 60。

(7)单击【确定】,完成关系式添加。再单击✓按钮,完成草图绘制,单击特征操作面板中的✓按钮,完成可变剖面扫描特征的建立,结果如图 2-505 所示。

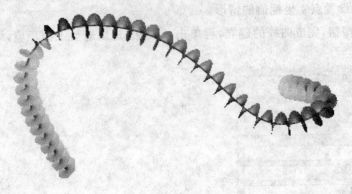

图 2-505

步骤 4 建立扫描特征

(1)单击菜单【插入】→【扫描】→【伸出项】,弹出如图 2-506 所示的对话框与菜单。

(2)单击【选取轨迹】→【依次】→【选取】。

(3)选取如图 2-507 中鼠标指示的螺旋曲面的外侧边缘为扫描轨迹,然后单击【完成】→【正向】进入草绘工作环境。

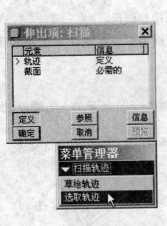

图 2-506

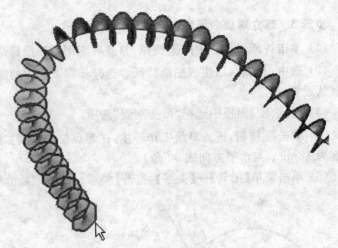

图 2-507

(4)绘制如图 2-508 所示的一个椭圆作为扫描截面。

(5)单击草绘命令工具栏中的✓按钮,完成特征截面的绘制。单击模型对话框中的【确定】,完成扫描特征。完成后的模型,如图 2-509 所示。

(6)在模型树中选中曲线(造型标识 121)、曲面(曲面标识 124)特征,单击右键菜单中的【隐藏】,结果如图 2-510 所示。

步骤 5 保存文件

单击菜单【文件】→【保存】,保存当前模型文件,然后关闭当前工作窗口。

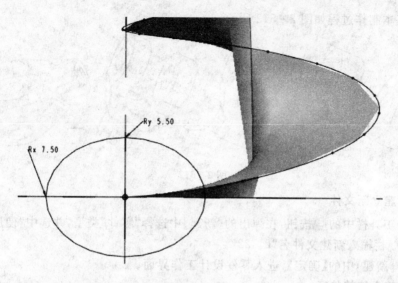

图 2-508

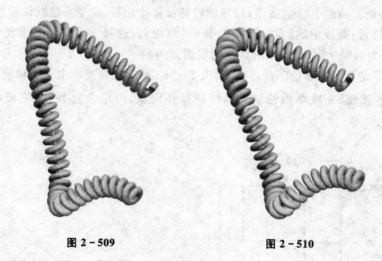

图 2-509　　　　　　　　图 2-510

2.22　连接头零件

本例建立如图 2-511 所示的零件模型。该模型主要使用旋转、拉伸、倒角、螺旋扫描特征等建模工具。

图 2-511

模型的基本制作过程如图 2-512 所示。

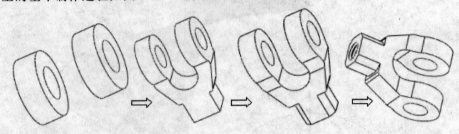

图 2-512

步骤 1　建立新文件

(1) 单击工具栏中的 按钮,在弹出的〖新建〗中选择"零件"类型,并选中"使用缺省模板"选项,在〖名称〗栏输入新建文件名"2-22"。

(2) 单击〖新建〗中的【确定】,进入零件设计工作界面。

步骤 2　建立旋转特征

(1) 单击特征工具栏中的 按钮,打开旋转特征操作面板,接受系统默认设置。

(2) 单击〖位置〗面板中的【定义】,系统显示〖草绘〗。选择 FRONT 基准面为草绘平面,RIGHT 基准面为参照平面,接受系统默认的视图方向。

(3) 单击【草绘】,进入草绘工作环境,如图 2-513 所示绘制旋转中心线和旋转截面。

(4) 单击 按钮,完成草图绘制返回特征操作面板,再单击 按钮,完成特征建立,如图 2-514 所示。

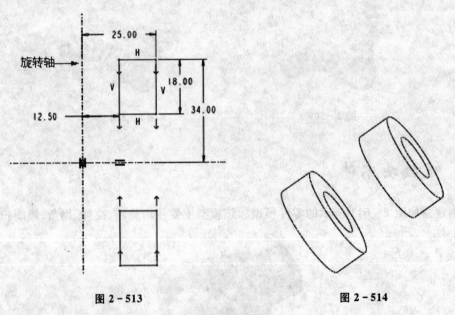

图 2-513　　　　　　　　　　　　图 2-514

步骤 3　建立拉伸特征

(1) 单击特征工具栏中的 按钮,打开拉伸特征操作面板,各选项设置如图 2-515 所示。

(2) 单击〖放置〗面板中的【定义】,打开〖草绘〗,选择 RIGHT 基准面为草绘平面,TOP 基准面为视图方向参照,单击【草绘】,进入草绘工作环境。

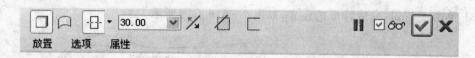

图 2-515

（3）绘制如图 2-516 所示的拉伸截面。

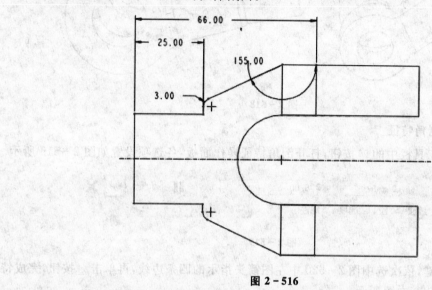

图 2-516

（4）单击 ✓ 按钮，完成草图绘制返回拉伸特征操作面板，调整材料移出方向，单击 ✓ 按钮，完成特征的建立，如图 2-517 所示。

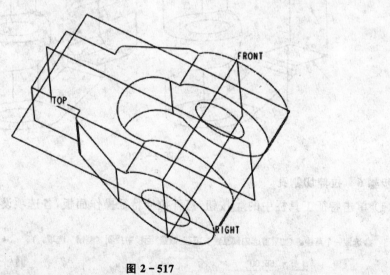

图 2-517

步骤 4 建立圆角特征

（1）单击特征工具栏中的 按钮，打开圆角特征操作面板，输入圆角半径值为"25"。

（2）按下 Ctrl 键，依次选中图 2-518 中左图箭头指示的边线（正反面共四条线，图中只示意正面两条）。

(3) 单击✓按钮,完成特征的建立,如图2-518右图所示。

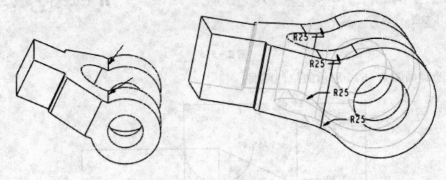

图 2-518

步骤5 建立倒角特征

(1) 单击特征工具栏中的﹨按钮,打开倒角特征操作面板,各选项设置如图2-519所示。

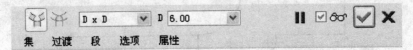

图 2-519

(2) 按下Ctrl键,依次选中图2-520中左图箭头指示的四条边线,再单击✓按钮,完成特征的建立,如图2-520右图所示。

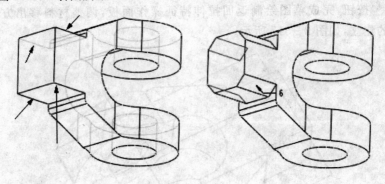

图 2-520

步骤6 拉伸切割孔

(1) 单击特征工具栏中的 按钮,打开拉伸特征操作面板,各选项设置如图2-521所示。

图 2-521

(2) 单击【放置】中的【定义】,打开【草绘】,选择如图2-522中鼠标指示的端面为草绘平面,TOP基准面为视图方向参照,单击【草绘】,进入草绘工作环境。

(3) 绘制如图 2-523 所示的一个圆作为拉伸截面。

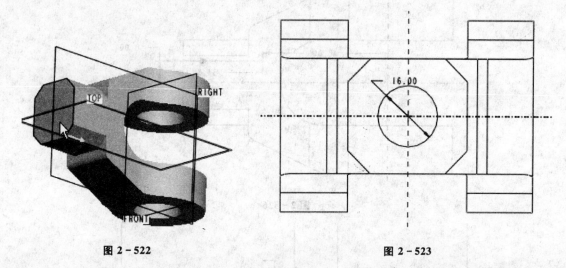

图 2-522　　　　　　　　　　　　　　图 2-523

(4) 单击✓按钮,完成草图绘制返回拉伸特征操作面板,调整特征生成方向为如图 2-524 所示。

(5) 单击✓按钮,完成特征的建立,如图 2-525 所示。

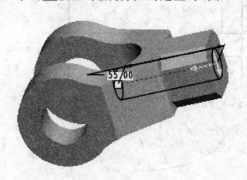 

图 2-524　　　　　　　　　　　　　　图 2-525

步骤 7　建立螺纹特征

(1) 单击菜单【插入】→【螺旋扫描】→【切口】,打开〖属性〗。

(2) 接受〖属性〗中的默认命令【常数】、【穿过轴】、【右手定则】,然后单击【完成】。

(3) 选择 RIGHT 基准面为草绘平面,在草绘环境中绘制一水平旋转中心线,然后绘制一长为"34"的直线段作为扫描轮廓线,如图 2-526 所示。

(4) 单击草绘命令工具栏中的✓按钮,系统再次进入草绘环境,以绘制螺旋扫描剖面。

(5) 在信息区显示的文本框中输入螺距值"3.2",在起始中心位置绘制一等边三角形作为扫描截面,如图 2-527 所示。

(6) 单击草绘命令工具栏中的✓按钮,完成草图绘制,接受系统默认的特征生成方向,单击【正向】,再单击鼠标中键,完成特征的建立,如图 2-528 所示。

步骤 8　保存文件

单击菜单【文件】→【保存】,保存当前模型文件,然后关闭当前工作窗口。

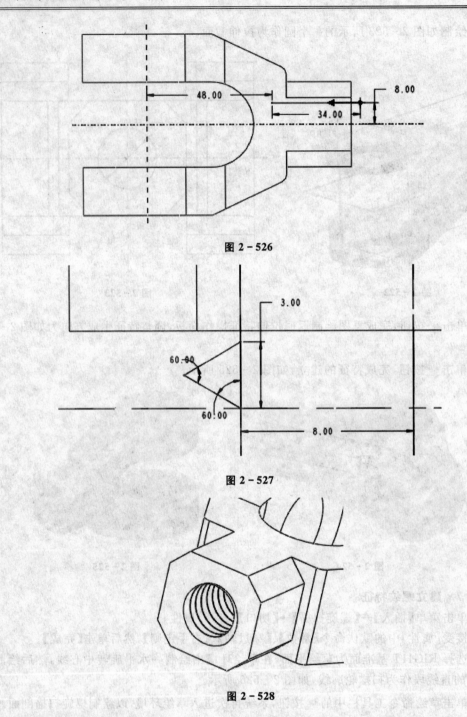

图 2-526

图 2-527

图 2-528

2.23 螺丝刀手柄造型

本例建立如图 2-529 所示的零件模型。构建该模型需使用旋转、拉伸、旋转复制、阵列、孔特征等建模工具。

该模型的基本制作过程如图 2-530 所示。

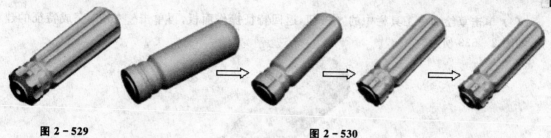

图 2-529　　　　　　　　　　　　图 2-530

步骤 1　建立新文件

（1）单击工具栏中的 按钮，在弹出的〖新建〗中选择"零件"类型，并选中"使用缺省模板"选项，在〖名称〗栏输入新建文件名"2-23"。

（2）单击〖新建〗中的【确定】，进入零件设计工作界面。

步骤 2　建立旋转特征

（1）单击特征工具栏中的 按钮，打开旋转特征操作面板，接受系统默认设置，如图 2-531 所示。

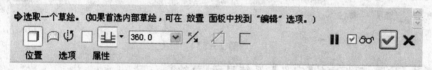

图 2-531

（2）单击〖位置〗面板中的【定义】，系统显示〖草绘〗。选择 FRONT 基准面为草绘平面，RIGHT 基准面为参照平面，接受系统默认的视图方向。

（3）单击【草绘】，进入草绘工作环境，如图 2-532 所示绘制旋转中心线和旋转截面。

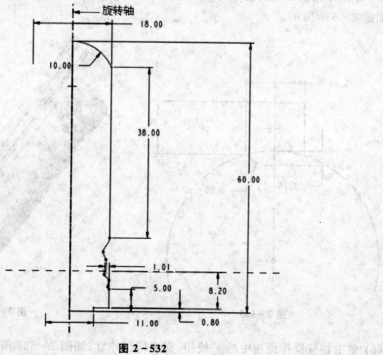

图 2-532

（4）单击草绘命令工具栏中的✓按钮，返回特征操作面板，再单击✓按钮，完成特征的建立，如图2-533所示。

图2-533

步骤3 使用拉伸工具切剪模型

（1）单击▱按钮，打开拉伸特征操作面板，各选项设置如图2-534所示。

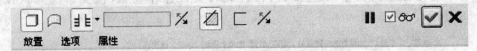

图2-534

（2）单击〖放置〗面板中的【定义】，系统显示〖草绘〗。

（3）选择TOP基准面为草绘平面，单击【草绘】，进入草绘工作环境。

（4）选择RIGHT基准面和图2-535中鼠标指示的面为尺寸参照，按图2-535所示的尺寸绘制拉伸截面。

（5）单击草绘命令工具栏中的✓按钮，完成拉伸截面绘制，使用％按钮调整材料移除方向为如图2-536所示。

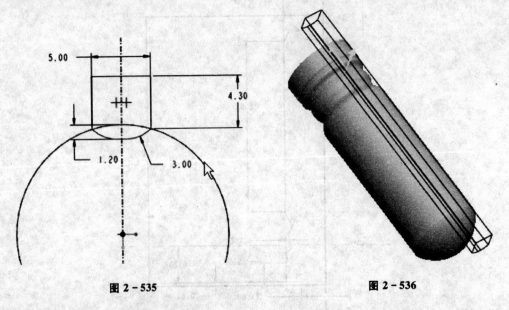

图2-535   图2-536

（6）单击特征操作面板中的✓按钮，完成特征建立，如图2-537所示。

步骤 4 阵列复制特征

(1) 选择步骤 3 建立的拉伸特征,单击 按钮,打开阵列特征操作面板。

(2) 选择阵列类型为"轴",选取基准轴 A_1 为旋转阵列中心线,如图 2-538 所示。

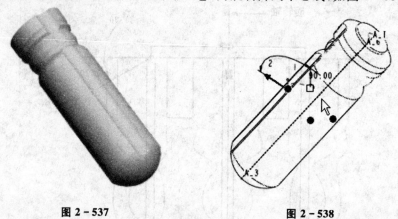

图 2-537　　　　　　　　图 2-538

(3) 在阵列特征操作面板中输入阵列子特征数量为"8"(包含原始特征),角度尺寸增量为"45"如图 2-539 所示。

图 2-539

(4) 单击阵列特征操作面板中的 按钮,完成阵列特征,结果如图 2-540 所示。

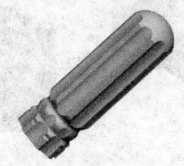

图 2-540

步骤 5 使用旋转工具切割模型

(1) 单击特征工具栏中的 按钮,打开旋转特征操作面板,各选项设置如图 2-541 所示。

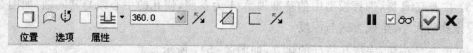

图 2-541

(2) 单击〖位置〗中的【定义】,系统显示〖草绘〗。选择 FRONT 基准面为草绘平面,TOP 基准面为视图方向参照面,单击【草绘】,进入草绘工作环境。

(3) 如图 2-542 所示,绘制一条竖直中心线作为旋转中心线,在其一侧绘制一斜线段作为旋转截面。

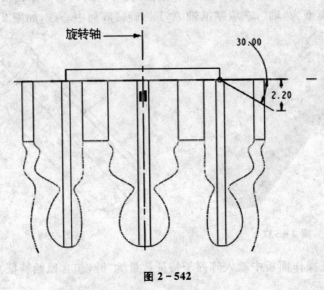

图 2-542

(4) 单击草绘命令工具栏中的 ✓ 按钮,返回特征操作面板,调整材料移出方向为如图 2-543 所示。

(5) 单击 ✓ 按钮,完成特征的建立,如图 2-544 所示。

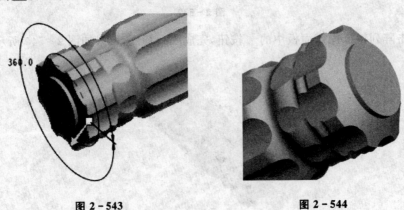

图 2-543   图 2-544

步骤 6　建立孔特征

(1) 单击菜单【插入】→【孔】,或单击绘图区右侧工具栏的 按钮,打开孔特征操作面板。

(2) 如图 2-545 所示,选择图中鼠标指示的端面作为孔的放置平面。

(3) 按着 Ctrl 键,选择模型中的基准轴 A_1 为参照,使孔的中心线与其同轴,如图 2-546 所示设定孔的大小、生成方式与深度。

(4) 单击 ✓ 按钮,完成孔特征的建立,如图 2-547 所示。

步骤 7　建立倒圆角特征

(1) 单击特征工具栏中的 按钮,打开圆角特征操作面板,设定圆角半径为"1"。

(2) 按下 Ctrl 键,依次选中手柄各沟槽曲线,如图 2-548 所示。

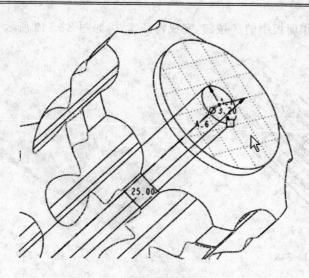

图 2-545

图 2-546

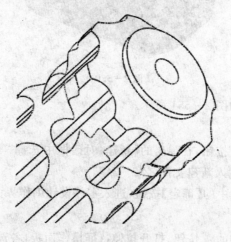

图 2-547

(3) 单击特征操作面板中的 ✓ 按钮,完成特征建立,如图 2-549 所示。

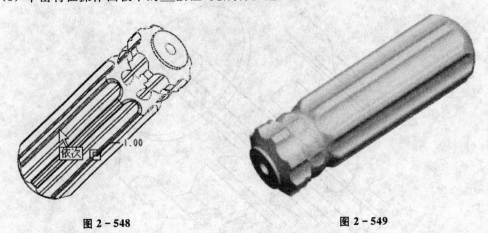

图 2-548　　　　　　　　　　　图 2-549

步骤 8　保存文件

单击菜单【文件】→【保存】,保存当前模型文件,然后关闭当前工作窗口。

2.24　工具箱

本例建立如图 2-550 所示的零件模型。构建该模型主要使用拉伸、拔模、曲面偏移、壳、骨架折弯特征等建模工具。

图 2-550

模型的基本制作过程如图 2-551 所示。

步骤 1　建立新文件

(1) 单击工具栏中的 按钮,在弹出的〖新建〗对话框中选择"零件"类型,并选中"使用缺省模板"选项,在〖名称〗栏输入新建文件名"2-24"。

(2) 单击〖新建〗对话框中的【确定】按钮,进入零件设计工作界面。

步骤 2　建立拉伸特征

(1) 单击特征工具栏中的 按钮,打开拉伸特征操作面板,各选项设置如图 2-552 所示。

(2) 单击〖放置〗中的【定义】,打开〖草绘〗,选择 FRONT 基准面为草绘平面。

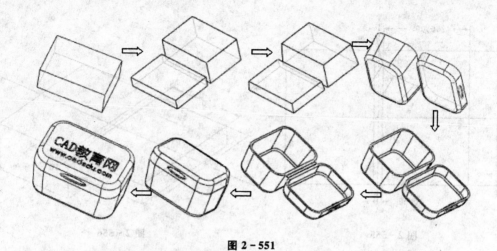

图 2-551

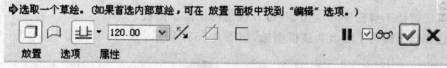

图 2-552

(3) 单击〖草绘〗中的【草绘】,进入草绘工作环境。

(4) 绘制如图 2-553 所示的矩形作为拉伸截面,单击 ✓ 按钮,完成拉伸截面的绘制。

(5) 调整特征生成方向,单击 ✓ 按钮,完成拉伸特征建立,如图 2-554 所示。

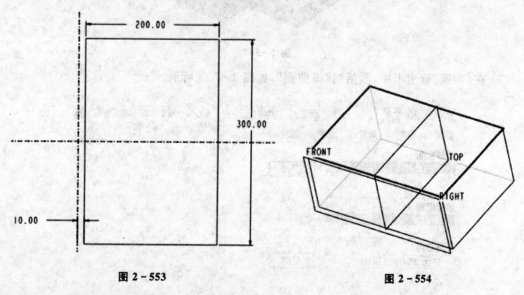

图 2-553   图 2-554

(6) 方法完全同上,仍以 FRONT 基准平面为草绘平面,绘制如图 2-555 所示的拉伸截面,建立如图 2-556 所示的拉伸特征。

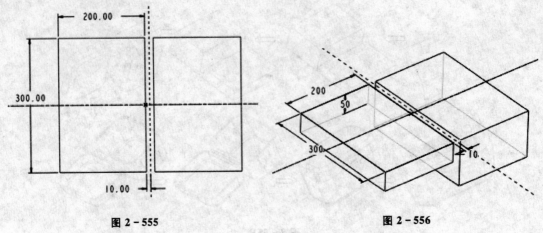

图 2-555   图 2-556

步骤 3　建立拔模特征

(1) 单击特征工具栏中的 按钮,打开拔模特征操作面板。
(2) 选择长方体的上表面为拔模枢轴,如图 2-557 所示。

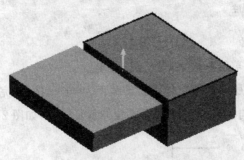

图 2-557

(3) 在[参照]选项卡中,激活"拔模曲面",如图 2-558 所示。

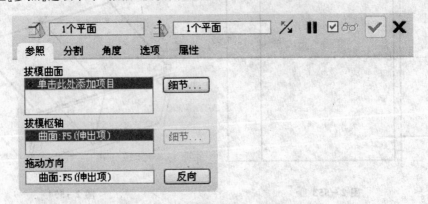

图 2-558

(4) 按下 Ctrl 键,依次选取长方体的 4 个侧面为拔模曲面。
(5) 设定拔模角度为"6°",其他接收系统默认的设置,如图 2-559 所示。
(6) 使用 按钮调整拔模方向为如图 2-560 所示。

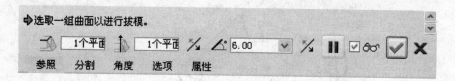

图 2-559

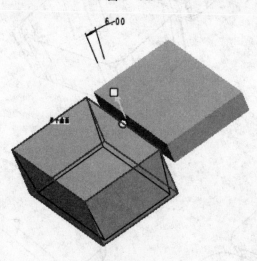

图 2-560

(7) 单击 ✓ 按钮,完成拔模特征的建立,如图 2-561 所示。
(8) 同样方法,对另一个长方体特征进行拔模,拔模角度为"6°",如图 2-562 所示。

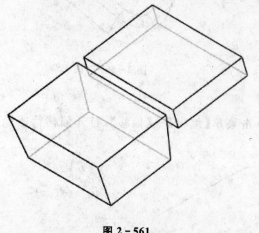

图 2-561

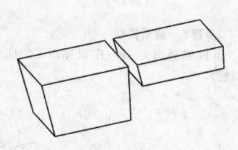

图 2-562

步骤 4　建立圆角特征

(1) 单击 按钮(或单击菜单【插入】→【倒圆角】),打开圆角特征操作面板,设定圆角半径为"50"。
(2) 按下 Ctrl 键,依次选择图 2-563 中所示的 8 条边,以建立圆角。
(3) 单击 ✓ 按钮,完成圆角特征的建立,如图 2-564 所示。
(4) 同样方法,对模型的底边建立半径为"15"的圆角,如图 2-565 所示。

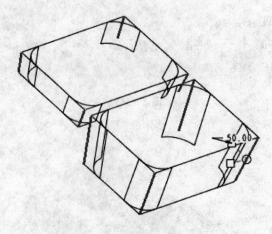

图 2-563

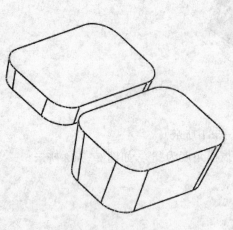

图 2-564

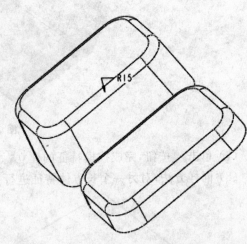

图 2-565

步骤 5　曲面偏移

（1）选择图 2-566 中鼠标指示的曲面,单击菜单【编辑】→【偏移】,打开偏移特征操作面板。

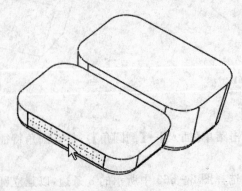

图 2-566

（2）各选项及参数设置如图 2-567 所示。

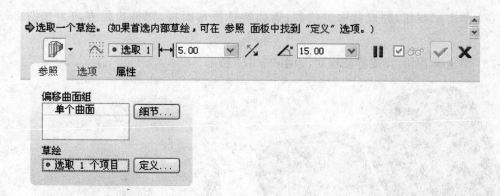

图 2-567

(3) 单击【参照】中的【定义】,打开【草绘】,选择图 2-566 中鼠标指示的面为草绘平面,选择 TOP 基准面为视图方向参照。

(4) 单击【草绘】,进入草绘工作环境。

(5) 如图 2-568 所示,选择 TOP 基准面和光标指示的边为尺寸参照。

(6) 如图 2-569 所示,绘制一条竖直中心线和一椭圆。

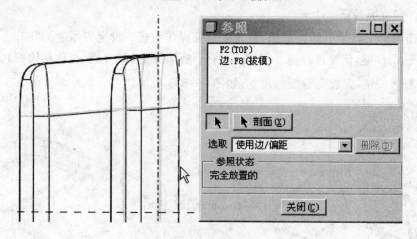

图 2-568

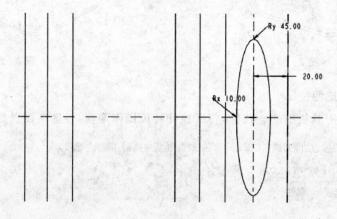

图 2-569

(7) 单击 ✓ 按钮，完成截面的绘制，返回特征操作面板，调整拔模方向为如图 2-570 所示。

(8) 单击 ✓ 按钮，完成特征建立，如图 2-571 所示。

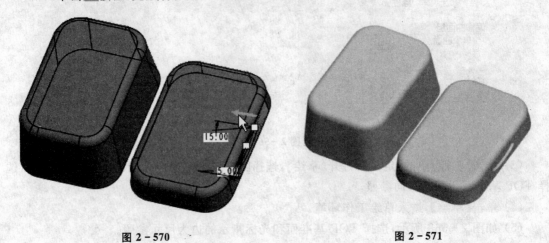

图 2-570　　　　　　　　　　　图 2-571

步骤 6　建立壳特征

(1) 单击特征工具栏中的 按钮，打开壳特征操作面板。设定壳厚度为"5"。

(2) 按下 Ctrl 键，依次选择图 2-572 中箭头指示的面为开口面（也称移除面）。

(3) 单击 ✓ 按钮，完成壳特征的建立，如图 2-573 所示。

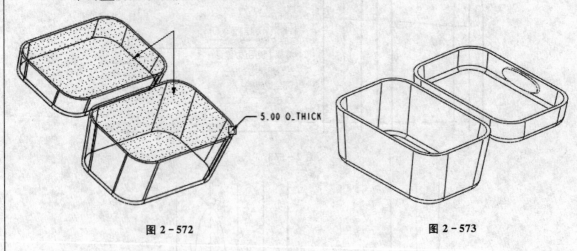

图 2-572　　　　　　　　　　　图 2-573

步骤 7　建立拉伸特征

(1) 单击特征工具栏中的 按钮，打开拉伸特征操作面板，各选项设置如图 2-574 所示。

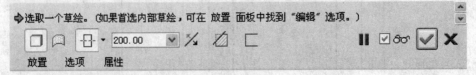

图 2-574

(2) 单击〖放置〗中的【定义】,打开〖草绘〗,选择 TOP 基准面为草绘平面。

(3) 单击〖草绘〗中的【草绘】,进入草绘工作环境。

(4) 绘制如图 2-575 所示的草图作为拉伸截面,单击 ✓ 按钮,完成拉伸截面的绘制。

(5) 调整特征生成方向,单击 ✓ 按钮,完成拉伸特征建立,如图 2-576 所示。

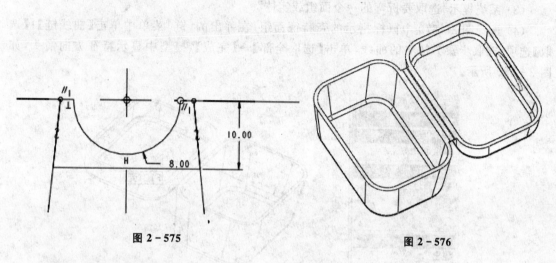

图 2-575　　　　　　　　　　　图 2-576

步骤 8　绘制折弯曲线

(1) 单击特征工具栏中的 按钮,打开〖草绘〗对话框。

(2) 选择 TOP 基准面为草绘平面,FRONT 基准面为视图方向参照,单击【草绘】,进入草绘工作界面。

(3) 绘制一条 U 形曲线,如图 2-577 所示。

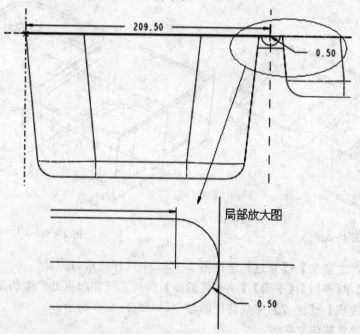

局部放大图

图 2-577

(4) 单击 ✓ 按钮，完成曲线的绘制。

步骤9 建立骨架折弯特征

(1) 单击菜单【插入】→【高级】→【骨架折弯】，打开如图2-578所示的〖选项〗。

(2) 依次单击〖选项〗菜单中的【选取骨架线】、【无属性控制】、【完成】。

(3) 系统提示"选取要折弯的一个面组或实体"。

(4) 选择图2-579中鼠标指示的壳特征面组，在弹出的〖链〗菜单中单击【曲线链】|【选取】选项，选取步骤7建立的曲线，单击【选取全部】→【完成】，模型中显示特征方向箭头，如图2-580所示。

图2-578

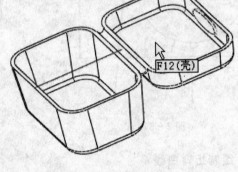

图2-579

(5) 系统提示"指定要定义折弯量的平面"，同时系统在起点处产生一基准平面，如图2-581所示。

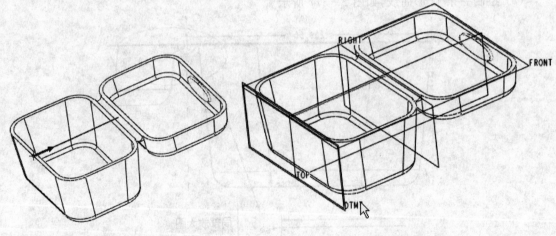

图2-580   图2-581

(6) 单击【产生基准】→【穿过】，选择图2-582中鼠标指示的边。

(7) 单击菜单【平行】|【平面】|【小平面的面】，选择系统在起点处产生的基准平面DTM3。

(8) 单击【完成】→【完成】，完成特征的建立，如图2-583所示。

步骤10 建立实体文字

(1) 单击特征工具栏中的 按钮，打开拉伸特征操作面板，各选项设置如图2-584所示。

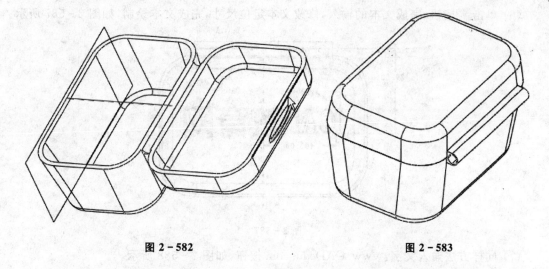

图 2-582　　　　　　　　　图 2-583

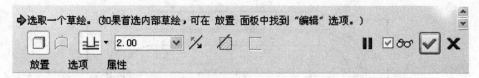

图 2-584

(2) 单击【放置】中的【定义】,打开【草绘】。选择图 2-585 中鼠标指示的面为草绘平面,选择基准面 TOP 为视图方向参照。

(3) 单击【草绘】,进入草绘工作环境。选择基准平面 RIGHT 和 TOP 为尺寸参照。

(4) 单击 🄰 按钮,在图形窗口中通过确定两点定义文字高度和方向,同时打开【文本】。

(5) 在【文本行】对应的文本框中输入文字:CAD 教育网,设置字体属性如图 2-586 所示。

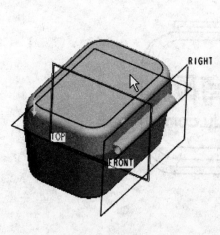

图 2-585　　　　　　　　　图 2-586

(6) 单击 ✓ 按钮，完成文本的输入，修改文本定位尺寸，完成文本绘制，如图 2-587 所示。

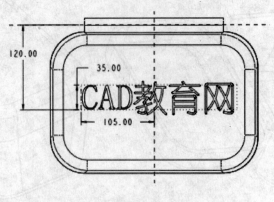

图 2-587

(7) 同样方法输入文字：www.CADedu.com 按钮，如图 2-588 所示。

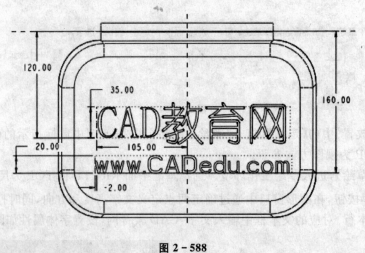

图 2-588

(8) 单击 ✓ 按钮，完成文字绘制，返回特征操作面板，单击 ✓ 按钮，完成实体文字建立，如图 2-589 所示。

图 2-589

步骤 10　保存文件

单击菜单【文件】→【保存】命令，保存当前模型文件，然后关闭当前工作窗口。

2.25 笼形造型

本例建立如图 2-590 所示的零件模型。构建该模型主要使用"从方程建立曲线"、可变剖面扫描和扫描特征等建模工具。

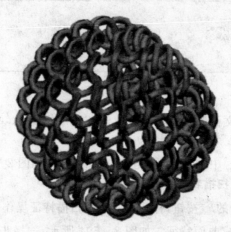

图 2-590

步骤 1　建立新文件

(1) 单击工具栏中的 按钮,在弹出的〖新建〗对话框中选择"零件"类型,并选中"使用缺省模板"选项,在〖名称〗栏输入新建文件名"2-25"。

(2) 单击〖新建〗中的【确定】,进入零件设计工作界面。

步骤 2　用方程建立基准曲线

(1) 单击基准特征工具栏中的 按钮,打开〖曲线选项〗菜单。

(2) 单击【从方程】|【完成】→【选取】选项,在模型树中选择系统默认的坐标系"PRT_CSYS_DEF"。

(3) 在弹出的〖设置坐标类型〗中选择【球】,系统自动弹出 2-591 所示的〖记事本〗窗口。

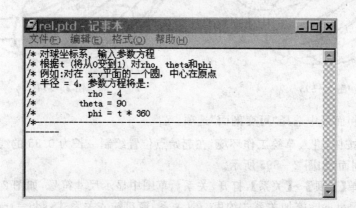

图 2-591

(4) 输入 rho=3*cos(t*90);theta=90*t*3;phi=t*360*20,如图 2-592 所示。

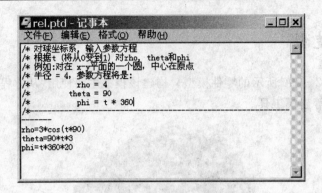

图 2-592

(5) 单击〖记事本〗的【文件】→【保存】,保存当前记事本文件,单击【文件】→【退出】,关闭〖记事本〗。

(6) 单击〖曲线:从方程〗中的【确定】,完成曲线的建立,如图 2-593 所示。

步骤 3 建立可变剖面扫描特征

(1) 单击特征工具栏中的 按钮,打开可变剖面扫描特征操作面板。

(2) 单击 按钮,以生成曲面特征。如图 2-594 所示,选择步骤 2 建立的曲线为原始扫描轨迹。

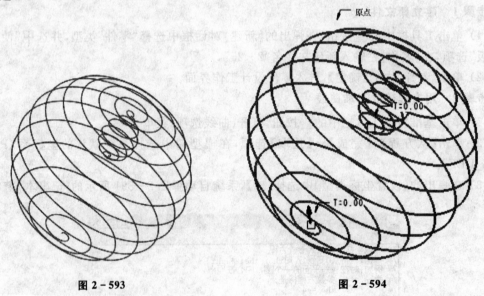

图 2-593   图 2-594

(3) 在〖选项〗面板中选择"可变剖面"选项。

(4) 单击 按钮,进入草绘工作环境,在起始点位置绘制一长为 0.35 的线段(角度可为任意值)作为扫描剖面,如图 2-595 所示。

(5) 单击菜单【工具】→【关系】,打开〖关系〗,草图中显示尺寸符号,如图 2-596 所示。

(6) 对角度尺寸 sd5 施加关系式约束,在〖关系〗窗口输入关系式:sd5=trajpar * 360 * 150

(7) 单击【确定】,完成关系式的添加,单击 按钮,完成草图绘制,再单击特征操作面板中的 按钮,完成可变剖面扫描特征的建立,结果如图 2-597 所示。

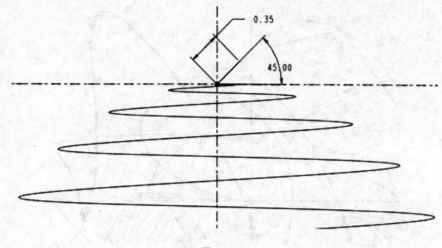

图 2-595

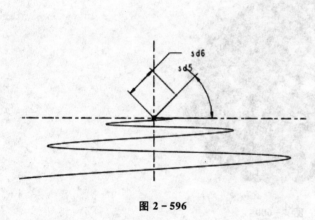

图 2-596

图 2-597

步骤 4 建立扫描特征

（1）单击菜单【插入】→【扫描】→【伸出项】命令。

（2）在弹出的〖扫描轨迹〗菜单中单击【选取轨迹】→【依次】|【选取】选项。

（3）选择步骤 3 建立的曲面的外部边线,如图 2-598 所示。

（4）单击【完成】→【正向】,进入草绘工作环境。

（5）在起始点绘制如图 2-599 所示的一个直径为"0.2"的圆。

（6）单击 ✓ 按钮,完成草图绘制,再单击【确定】,完成扫描特征的建立,隐藏模型中的曲线、曲面,结果如图 2-600 所示。

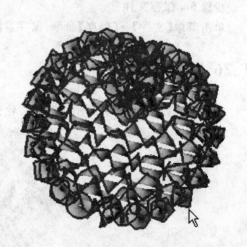

图 2-598

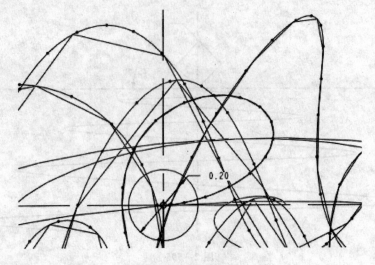

图 2-599

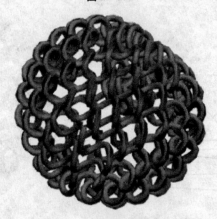

图 2-600

步骤 5 保存文件

单击菜单【文件】→【保存】命令，保存当前模型文件，然后关闭当前工作窗口。

2.26 圆锥齿轮

本例建立如图 2-601 所示的圆锥齿轮模型。

图 2-601

构建该模型主要使用旋转、切割、基准面、阵列、倒角、倒圆角特征等工具。该模型的基本制作过程如图 2-602 所示。

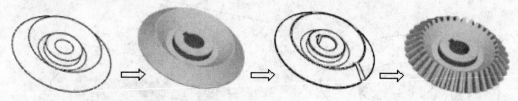

图 2-602

步骤 1　建立新文件

(1) 单击工具栏中的 按钮，在弹出的〖新建〗中选择"零件"类型，并选中"使用缺省模板"选项，在〖名称〗栏输入新建文件名"2-26"。

(2) 单击〖新建〗中的【确定】，进入零件设计工作界面。

步骤 2　使用旋转工具建立齿轮基体

(1) 单击 按钮，打开旋转特征操作面板。接受系统默认设置，单击〖位置〗面板中的【定义】，打开〖草绘〗。

(2) 选择 TOP 基准面为草绘平面，RIGHT 基准面为视图方向参照。

(3) 单击〖草绘〗中的【草绘】，进入草绘工作环境。

(4) 绘制如图 2-603 所示一条竖直中心线和旋转截面。

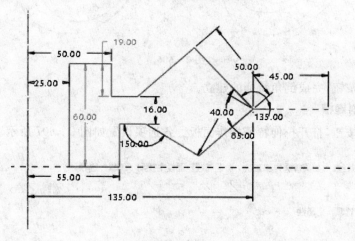

图 2-603

(5) 单击 按钮，返回旋转特征操作面板。单击 按钮，完成旋转特征的建立，结果如图 2-604 所示。

步骤 3　建立一基准平面

(1) 单击 按钮，打开〖基准平面〗对话框。选择 TOP 基准面，并选择"法向"方式。

(2) 选择如图 2-605 中鼠标指示的圆锥表面，并选择"相切"方式。

(3) 单击【确定】，完成基准平面 DTM1 的建立。

步骤 4　建立倒角特征

(1) 单击 按钮，打开倒角特征操作面板。选择倒角类型为"45×D,D=2"。

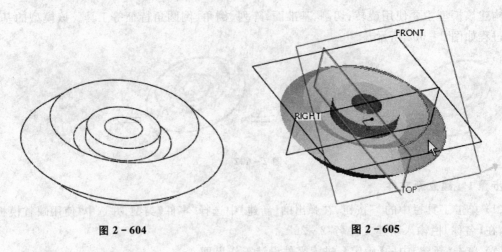

图 2-604　　　　　　　　图 2-605

(2) 按下 Ctrl 键，依次选中图 2-606 中箭头指示的边线。

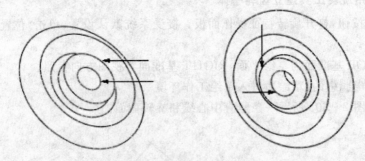

图 2-606

(3) 单击 ✓ 按钮，完成倒角特征的建立。

步骤 5　切割键槽

(1) 单击 按钮，打开拉伸特征操作面板。各选项设置如图 2-607 所示。

图 2-607

(2) 单击【放置】面板中的【定义】，打开【草绘】。选择 FRONT 基准面为草绘平面，RIGHT 基准面为视图方向参照。

(3) 单击【草绘】，进入草绘工作环境。

(4) 绘制如图 2-608 所示的拉伸截面。

(5) 单击 ✓ 按钮，返回拉伸特征操作面板。调整材料移除方向，单击 ✓ 按钮，完成键槽的切割，如图 2-609 所示。

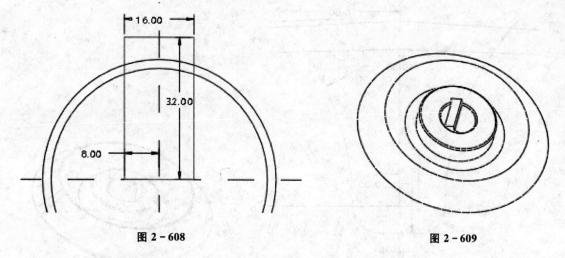

图 2-608   图 2-609

步骤 6　建立圆角特征

(1) 单击 按钮,打开圆角特征操作面板。接受默认设置,设定圆角半径为"2"。

(2) 选择图 2-610 中箭头指示的 3 条边线。

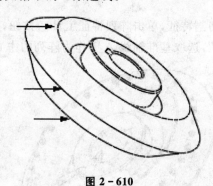

图 2-610

(3) 单击 按钮,完成圆角特征的建立。

步骤 7　切割第一个轮齿

(1) 单击 按钮,打开拉伸特征操作面板。各选项设置如图 2-611 所示。

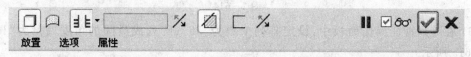

图 2-611

(2) 单击【放置】中的【定义】,打开【草绘】。选择基准面 DTM1 为草绘平面,基准面 TOP 为视图方向参照。

(3) 单击【草绘】,进入草绘工作环境。绘制如图 2-612 所示的齿形作为拉伸截面。

(4) 单击 按钮,返回拉伸特征操作面板。调整材料移除方向,单击 按钮,完成键槽的切割,如图 2-613 所示。

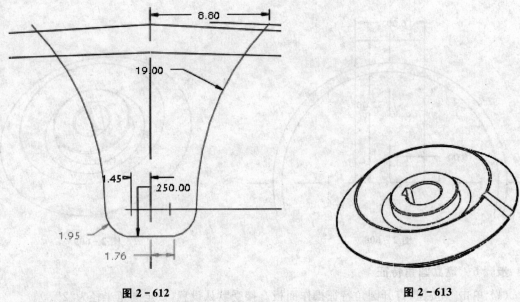

图 2-612　　　　　　　　　　　　　　　图 2-613

步骤 8　阵列复制齿轮

（1）选择步骤 7 建立的切割特征，单击阵列特征工具 按钮，打开阵列特征操作面板。

（2）选择阵列类型为"轴"，选取基准轴线 A_1 作为阵列的中心，如图 2-614 所示。

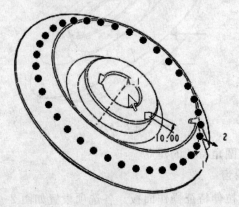

图 2-614

（3）在阵列特征操作面板中，设定阵列个数为"36"、阵列成员间的角度增量为"10"，如图 2-615 所示。

图 2-615

（4）单击 按钮，完成齿形的阵列复制，结果如图 2-616 所示。

步骤 9　保存模型

单击菜单【文件】→【保存】，保存当前模型文件，然后关闭当前工作窗口。

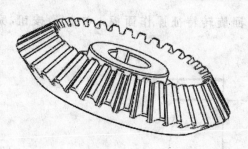

图 2-616

2.27 蝶形螺母

本例制作如图 2-617 所示的蝶形螺母零件模型。

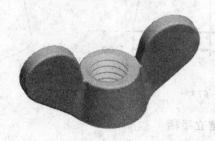

图 2-617

构建该模型主要使用螺旋扫描、拉伸、变半径圆角特征等工具。该模型的基本制作过程如图 2-618 所示。

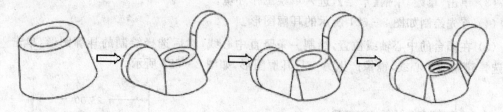

图 2-618

步骤 1　建立新文件

（1）单击工具栏中的 按钮，在弹出的〖新建〗中选择"零件"类型，并选中"使用缺省模板"选项，在〖名称〗栏输入新建文件名"2-27"。

（2）单击〖新建〗中的【确定】，进入零件设计工作界面。

步骤 2　使用旋转工具建立零件的主体

（1）单击 按钮，打开旋转特征操作面板。接受系统默认设置，单击〖位置〗面板中的【定义】，打开〖草绘〗。

（2）选择 RIGHT 基准面为草绘平面，FRONT 基准面为视图方向参照。

（3）单击〖草绘〗中的【草绘】，进入草绘工作环境。

（4）绘制草绘截面和一条竖直中心线，如图 2-619 所示。

(5) 单击✓按钮,返回旋转特征操作面板。单击✓按钮,完成旋转特征的建立,如图 2-620 所示。

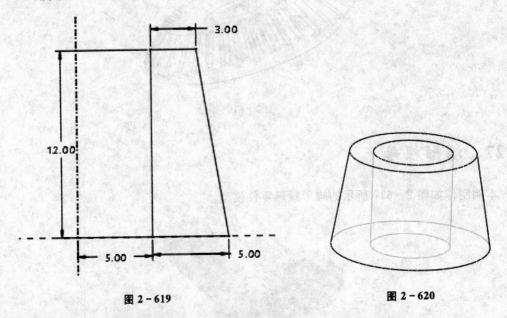

图 2-619   图 2-620

步骤 3　使用拉伸工具建立手柄

(1) 单击▱按钮,打开拉伸特征操作面板。接受系统的默认设置,单击〖放置〗面板中的【定义】,打开〖草绘〗。

(2) 选择 RIGHT 基准面为草绘平面,FRONT 基准面为视图方向参照。

(3) 单击〖草绘〗中的【草绘】,进入草绘工作环境。

(4) 首先绘制如图 2-621 所示的耳廓图形。

(5) 在园台的中心轴线位置,绘制一条竖直中心线,然后选择绘制的耳廓图形,单击⛊按钮,选择建立的中心线,镜像产生另一只耳廓图形,如图 2-622 所示。

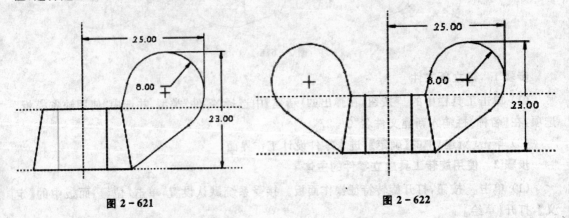

图 2-621   图 2-622

(6) 单击✓按钮,返回拉伸特征操作面板。

(7) 在〖选项〗中进行如图 2-623 所示的选择与设置,以建立相对于草绘平面双向对称拉伸的特征,且拉伸深度为"4.2"。

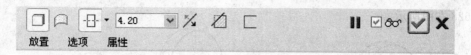

图 2-623

(8) 单击 ✓ 按钮,完成拉伸特征的建立,如图 2-624 所示。

步骤 4　建立圆角特征

(1) 单击 按钮,打开圆角特征操作面板。选择如图 2-625 中鼠标指示的一条边,以建立圆角特征。

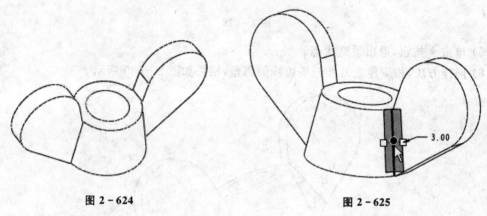

图 2-624　　　　　　　　　图 2-625

(2) 在〖设置〗面板的圆角半径栏中,右击鼠标,选择弹出菜单中的【添加半径】命令,以建立变半径圆角,如图 2-626 所示。

(3) 模型中显示如图 2-627 所示。

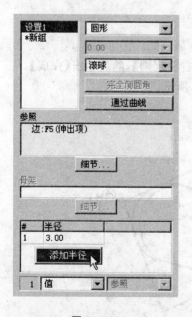

图 2-626

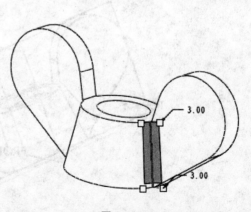

图 2-627

(4) 将两圆角半径尺寸修改为"1"和"5",如图 2-628 左图所示,单击 按钮,结果如

图 2-628 右图所示。

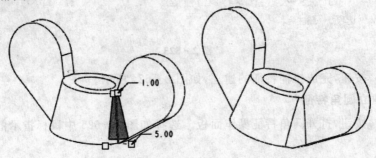

图 2-628

(5) 单击 ▶ 按钮,退出预览状态。
(6) 同样方法,相应建立另外三条边线的圆角,结果如图 2-629 所示。

图 2-629

步骤 5 建立蝶形螺母的螺纹

(1) 单击菜单【插入】→【螺旋扫描】→【切口】,打开〖属性〗。
(2) 接受〖属性〗中的默认命令【常数】、【穿过轴】、【右手定则】,然后单击【完成】。
(3) 选择 RIGHT 基准面为草绘平面,如图 2-630 所示。

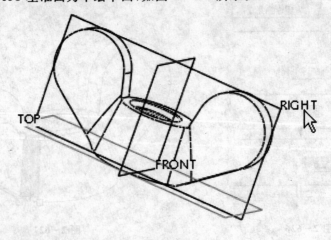

图 2-630

(4)单击【正向】接受默认的视图方向,单击〖草绘视图〗中的【缺省】,进入草绘工作环境。

(5)首先绘制一竖直中心线,然后绘制与蝶形螺母内孔边线重合的一条线段,如图2-631所示。

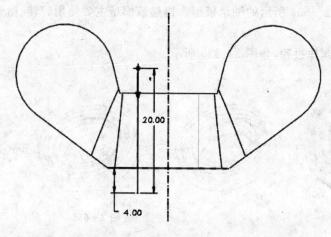

图 2-631

(6)绘制完毕,按系统提示,在消息输入窗口输入螺距为"2"。

(7)绘制如图2-632所示的螺纹截面,绘制完毕,单击✓按钮。

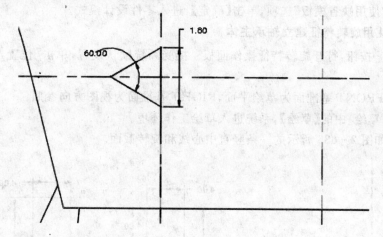

图 2-632

(8)单击鼠标中键,完成螺纹特征的建立。再单击🗖按钮,模型着色显示,结果如图2-633所示。

(9)使用圆角工具,对模型的外部轮廓线倒半径为"0.7"的圆角,完成蝶形螺母的构建。

步骤6 保存模型

单击菜单【文件】→【保存】,保存当前模型文件。

图 2-633

2.28　普通球轴承

本例制作如图 2-634 所示的轴承模型。构建该模型主要使用旋转、薄壳、偏移基准平面、阵列特征等工具。

该模型的基本制作过程，如图 2-635 所示。

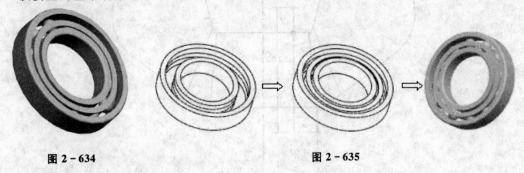

图 2-634　　　　　　　　　　　　　　　图 2-635

步骤 1　建立新文件

（1）单击菜单【文件】→【新建】，在打开的〖新建〗对话框中选择"零件"类型，在〖名称〗栏中输入名称"2-28"。

（2）选中"使用缺省模板"选项，单击【确定】，进入零件设计模式。

步骤 2　使用旋转特征建立轴承主体

（1）单击 按钮，打开旋转特征操作面板。接受系统默认设置，单击〖位置〗中的【定义】，打开〖草绘〗。

（2）选择 FRONT 基准面为草绘平面，RIGHT 基准面为视图方向参照。

（3）单击〖草绘〗中的【草绘】，系统进入草绘工作环境。

（4）绘制如图 2-636 所示的一条竖直中心线和旋转截面。

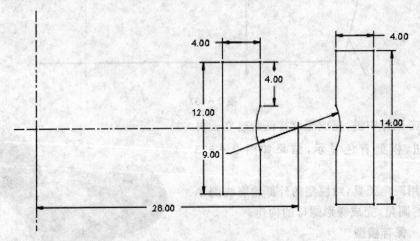

图 2-636

（5）单击 按钮，返回旋转特征操作面板。单击 按钮，完成特征建立，结果如图 2-637 所示。

图 2-637

步骤 3　建立滚珠支架毛坯

(1) 单击 ◈ 按钮,打开旋转特征操作面板。选择旋转为薄体特征,薄体厚度为"1",其他各项接受系统默认设置,如图 2-638 所示。

图 2-638

(2) 单击【位置】中的【定义】,打开【草绘】。选择 FRONT 基准面为草绘平面,RIGHT 基准面为视图方向参照,如图 2-639 所示。

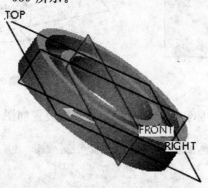

图 2-639

(3) 单击【草绘】中的【草绘】,进入草绘工作环境。

(4) 绘制如图 2-640 所示的一条竖直中心线和旋转截面。

(5) 单击 ✓ 按钮,返回特征操作面板。单击鼠标中键,完成旋转特征建立,如图 2-641 所示。

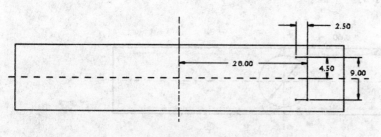

图 2-640

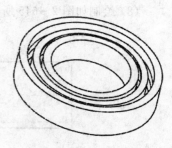

图 2-641

步骤4 在滚珠支架上开孔

（1）在模型树中,选中轴承主体特征,右击鼠标,选择弹出菜单中的【隐含】命令,如图2-642所示,将该特征压缩、隐藏,以便对滚珠支架进行操作。

（2）单击 ▱ 按钮,打开【基准平面】对话框。

（3）选择FRONT基准面进行偏移,输入偏移值为"28"。

（4）单击【确定】,完成基准面DTM1的建立,如图2-643所示。

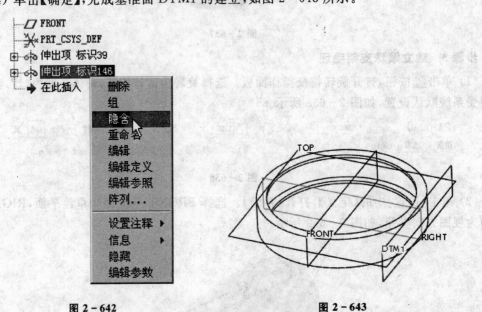

图2-642   图2-643

（5）单击 ▱ 按钮,打开拉伸特征操作面板。各选项设置如图2-644所示。

图2-644

（6）单击【放置】中的【定义】,打开【草绘】。选择新建的基准面DTM1为草绘平面,RIGHT基准面为视图方向参照。

（7）单击【草绘】中的【草绘】,进入草绘工作环境。

（8）绘制如图2-645所示的一个圆。

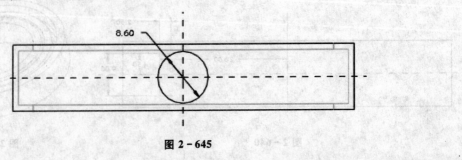

图2-645

(9) 单击 ✓ 按钮,返回拉伸特征操作面板。再单击 ✓ 按钮,完成特征建立,如图 2-646 所示。

步骤 5 建立滚珠

(1) 单击 ⌖ 按钮,打开旋转特征操作面板。接受系统默认设置,单击〖位置〗中的【定义】,打开〖草绘〗。选择基准面 DTM1 为草绘平面,RIGHT 基准面为视图方向参照。

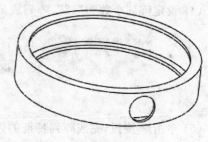

图 2-646

(2) 单击〖草绘〗中的【草绘】,进入草绘工作环境。

(3) 绘制如图 2-647 所示的一条竖直中心线和旋转截面。

(4) 单击 ✓ 按钮,返回旋转特征操作面板。单击鼠标中键,完成特征建立,如图 2-648 所示。

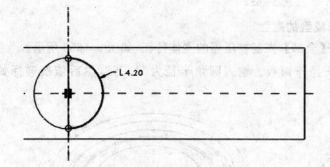

图 2-647

图 2-648

步骤 6 阵列复制孔特征和滚珠特征

(1) 按下 Ctrl 键,在模型树中选择刚刚建立的孔特征与滚珠特征,单击右键快捷菜单中的【组】,把选中的对象归为一个组,如图 2-649 所示。

(2) 在模型树中选中建立的组,单击 ▦ 按钮,打开阵列特征操作面板。

(3) 选择阵列类型为"轴",选取基准轴线 A_2 作为阵列的中心线,如图 2-650 所示。

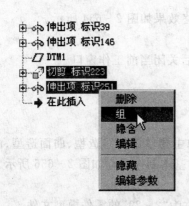

图 2-649

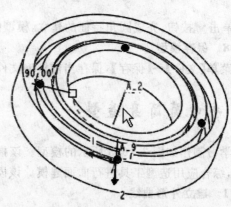

图 2-650

(4) 设定阵列个数为"12",阵列成员的角度增量为"30",如图 2-651 所示。

图 2-651

(5) 单击 ✓ 按钮,完成阵列特征的建立,结果如图 2-652 所示。

图 2-652

步骤 7　使用圆角工具完成轴承模型的建立

(1) 单击菜单【编辑】→【恢复】→【全部】,恢复被压缩的主体特征,如图 2-653 所示。

(2) 单击 按钮,打开圆角特征操作面板。输入圆角半径为"1.25",然后依次选择如图 2-654 所示的边线。

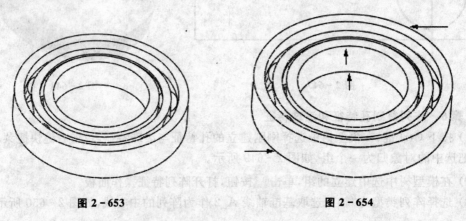

图 2-653　　　　　　　　　　　图 2-654

(3) 单击 ✓ 按钮,完成圆角特征的建立,模型的最终效果如图 2-634 所示。

步骤 8　保存模型

单击菜单【文件】→【保存】,保存当前模型文件,然后关闭当前工作窗口

2.29　手电筒筒身造型

本节学习制作如图 2-655 所示的模型。该模型中主要使用曲线造型、曲面造型、曲线编辑等功能,综合应用造型工具进行曲面建模。该模型的基本制作过程如图 2-656 所示。

步骤 1　建立外形曲线

(1) 单击新建文件图标按钮,在〖新建〗中,建立名称为"2-29"的零件模型文件。

(2) 接受系统默认设置,单击【确定】,进入零件设计模式.

图 2-655

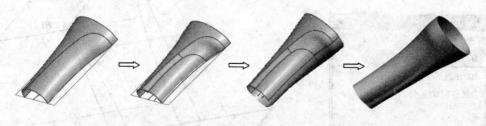

图 2-656

(3) 单击 按钮,打开[草绘],选择 FRONT 基准面为草绘平面,绘制如图 2-657 所示的草绘曲线。

步骤 2 建立外形曲线

(1) 单击菜单【插入】→【造型】,进入造型工作环境。

(2) 单击 按钮,选择 FRONT 基准面为活动平面。

(3) 单击 按钮,打开创建造型曲线操作面板,绘制如图 2-658 所示的两条平面曲线。绘制时使用 Shift 键捕捉端点,确保曲线端点连接到步骤 1 绘制的外形曲线上。

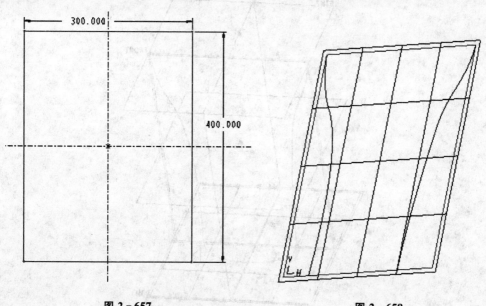

图 2-657　　　　　　　图 2-658

步骤 3　建立两条造型曲线

(1) 单击 按钮,打开〖基准平面〗,建立一个平行于 TOP 基准平面且通过步骤 1 建立的外形曲线,如图 2-659 所示。

(2) 单击【确定】,完成第一个内部基准平面的建立。同样方法完成第 2 个内部基准平面的建立,如图 2-660 所示。

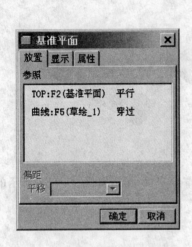

图 2-659

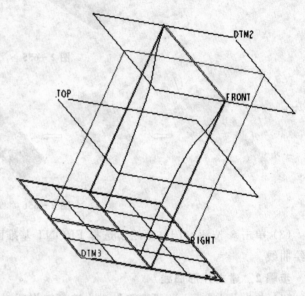

图 2-660

(3) 选择 DTM3 内部平面为活动平面,使用 ～ 按钮,创建如图 2-661 所示的平面曲线。曲线的端点必须软点参考到 FRONT 基准平面的曲线(使用 Shift 键捕捉)。

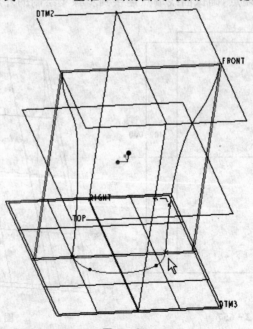

图 2-661

(4) 方法同上,选择 DTM2 内部平面为活动平面,使用～按钮,创建如图 2-662 所示的平面曲线。曲线的端点必须软点参考到 FRONT 基准平面的曲线(使用 Shift 键捕捉)。

(5) 如图 2-663 所示,设置上面绘制的两条曲线法向于 FRONT 基准平面(在两条曲线的 4 个端点设置 4 条切线为法向)。

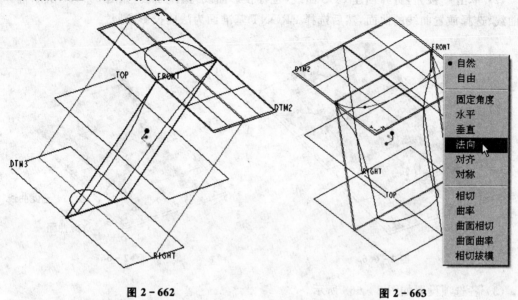

图 2-662   图 2-663

步骤 4   在 FRONT 基准平面绘制一条平面曲线

(1) 选择 FRONT 基准平面为活动平面,使用～按钮,创建如图 2-664 所示的平面曲线。曲线右上方的端点必须软点参考到步骤 2 绘制的曲线,曲线下方的端点必须软点参考到步骤 1 绘制的外形曲线(使用 Shift 键捕捉)。

(2) 设置右上端点法向参考到 RIGHT 基准平面。

(3) 单击⚡按钮,查看刚刚绘制的曲线的曲率,如图 2-665 所示。如果有反屈点应重新调整曲线。

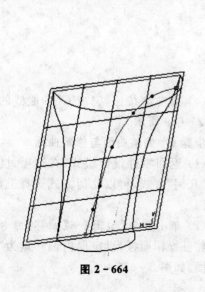 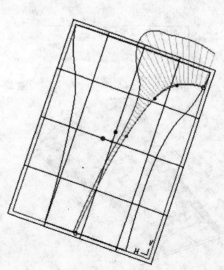

图 2-664   图 2-665

步骤 5　建立边界曲面

（1）单击 按钮,打开创建曲面造型操作面板,选择建立的 4 条曲线为边界构建曲面,如图 2-666 所示。

（2）单击 按钮,打开创建 COS 曲线(也称投影曲线)操作面板,如图 2-667 所示选择投影曲线、选择放置曲线的曲面,然后选择 FRONT 基准面为法向投影参照。

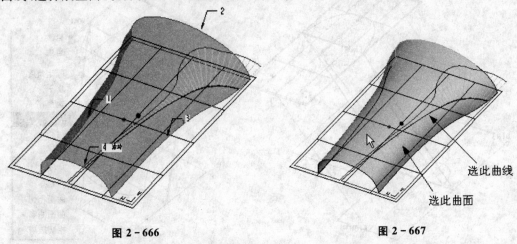

图 2-666　　　　　　　　　　图 2-667

（3）各选项设置如图 2-668 所示。

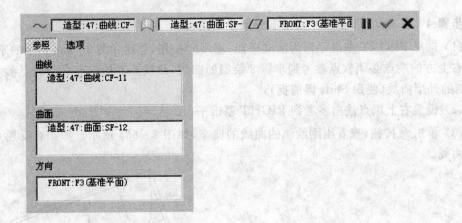

图 2-668

（4）单击 按钮,完成 COS 曲线的建立,如图 2-669 所示。

步骤 6　偏移曲面与修剪曲面

（1）返回零件设计模式,在选项过滤栏中选择"几何"方式,再以几何方式选择上面建立的曲面。

（2）单击菜单【编辑】→【偏移】命令,打开偏移特征操作面板,设定向内偏移量为"10"建立曲面,如图 2-670 所示。

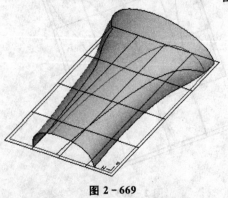

图 2-669

图 2-670

(3) 窗口中的模型显示如图 2-671 所示。

(4) 单击 ✔ 按钮，完成偏移面组的建立。

(5) 单击 按钮，进入造型工作环境。

(6) 单击 按钮，打开修剪面组操作面板。选择图 2-672 中箭头 1 指示的曲面为被修剪的曲面，选择箭头 2 指示的 COS 曲线为用以修剪的曲线，然后选择箭头 3 指示的面为材料去除方向。

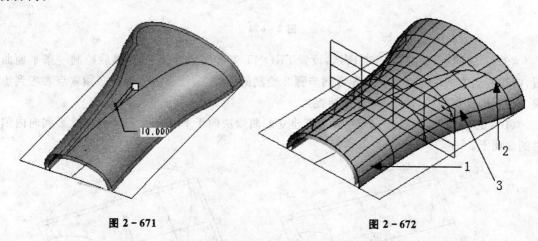

图 2-671　　　　　　　　　　　图 2-672

(7) 修剪面组操作面板各选项设置如图 2-673 所示。

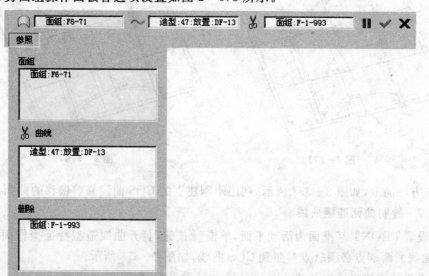

图 2-673

(8) 单击 ✓ 按钮,完成曲面修剪,如图 2-674 所示。

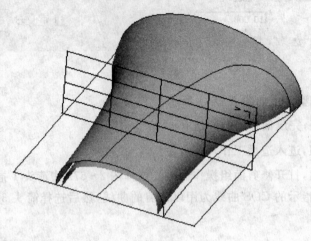

图 2-674

(9) 方法同上,如图 2-675 所示,设置 FRONT 基准面为活动平面,然后绘制一条平面曲线,曲线右上方的端点必须软点参考到步骤 2 绘制的曲线,曲线下方的端点必须软点参考到步骤 1 绘制的外形曲线(使用 Shift 键捕捉)。

(10) 方法同上,如图 2-676 所示,把建立的曲线法向于 FRONT 基准平面投影到向内偏移的曲面上。

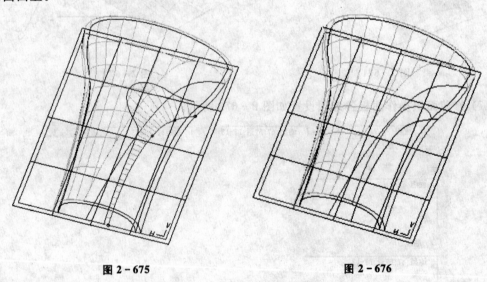

图 2-675　　　　　　　　　图 2-676

(11) 方法同上,如图 2-677 所示,利用刚刚建立的 COS 曲线修剪偏移的曲面。

步骤 7　绘制曲面连接曲线

(1) 设置 FRONT 基准面为活动平面,单击 ⌒ 按钮,打开曲线造型特征操作面板,绘制平面曲线,曲线的两端点必须软点参照到 COS 曲线,如图 2-678 所示。

(2) 设置前面建立的内部基准面 DTM3 为活动平面,如图 2-679 所示。

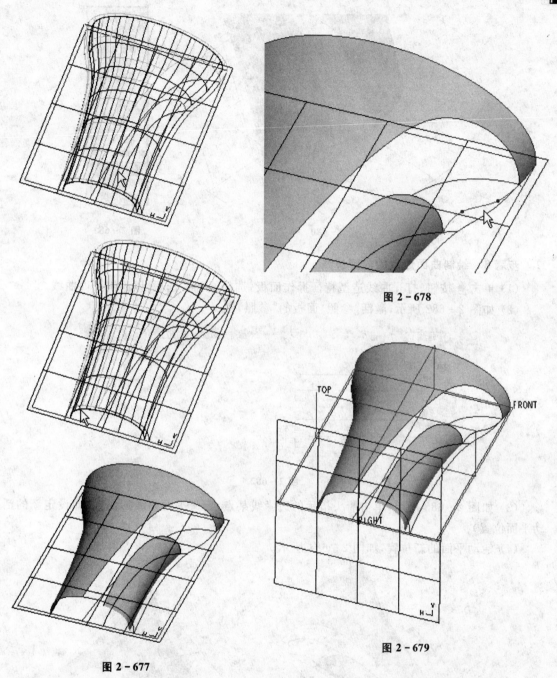

图 2-678

图 2-679

图 2-677

(3) 单击～按钮,打开曲线造型特征操作面板,绘制平面曲线,曲线的两端点必须软点参照到 COS 曲线,如图 2-680 所示。

(4) 单击⌒按钮,打开曲线编辑操作面板,选中曲线端点显示的切线,单击如图 2-681 所示右键快捷菜单中的【曲面相切】命令,分别对建立的两条连接曲线的端点的切线设置为"曲面相切"。

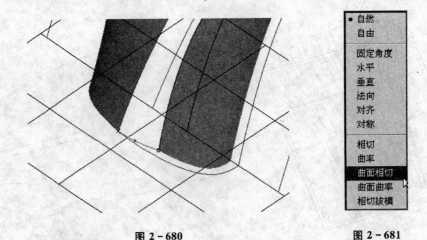

图 2-680　　　　　　　　　　　　　图 2-681

步骤 8　绘制曲面连接的内部曲线

（1）单击 ～ 按钮，打开曲线造型特征操作面板，选择"平面"选项，以绘制平面曲线。

（2）如图 2-682 所示，激活〖参照〗面板的"参照"栏。

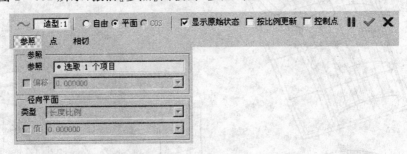

图 2-682

（3）如图 2-683 所示，单击箭头指示的边缘线某点，定义平面曲线的位置（即设定新的活动平面位置）。

（4）活动平面的新位置，如图 2-684 所示。

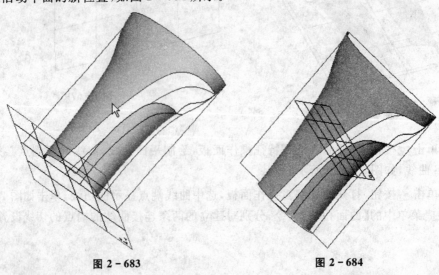

图 2-683　　　　　　　　　　　　　图 2-684

（5）按住 Shift 键，依次用鼠标捕捉两个曲面的边缘线，如图 2-685 所示绘制一连接两曲面的平面曲线。

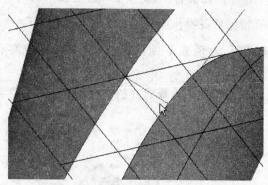

图 2-685

（6）曲线的两端点必须软点参照到 COS 曲线，端点的切线设置为"曲面相切"，如图 2-686 所示。

图 2-686

步骤 9　建立连接曲面

（1）单击 按钮，打开曲面造型操作面板。

（2）选择图 2-687 所示的 4 条曲线为边界曲线，选择步骤 8 绘制的曲线为内部曲线。

（3）单击曲面造型操作面板的 按钮，完成连接曲面的构建，如图 2-688 所示。

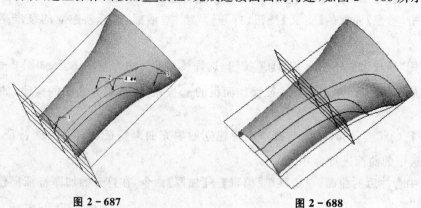

图 2-687　　　　　　　　　　图 2-688

步骤 10 镜像复制与合并曲面

(1) 在模型树中,选中建立的曲面特征"类型 2",如图 2-689 所示。

(2) 单击 按钮,打开镜像特征操作面板。

(3) 选择基准面 FRONT 为镜像平面,单击 按钮,完成零件模型的镜像,结果如图 2-690 所示。

(4) 按下 Ctrl 键,同时在模型树中选择建立的曲面特征"类型 2"和"类型 3",如图 2-691 所示。

(5) 单击 按钮,对选中的曲面进行合并。

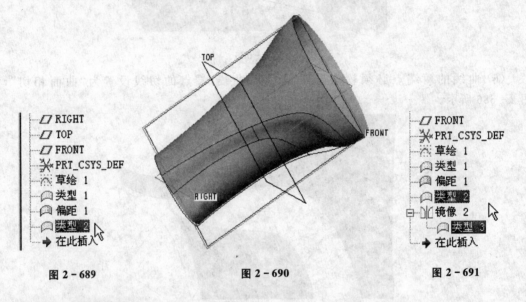

图 2-689　　　　　　　　图 2-690　　　　　　　　图 2-691

步骤 11 建立底面

(1) 单击 按钮,打开〖基准平面〗对话框。

(2) 建立一平行于基准平面 TOP,并穿过步骤 1 绘制的外形曲线(尺寸为 300 的直线)的一个基准平面,如图 2-692 所示。

(3) 单击【确定】按钮,完成基准平面的建立。

(4) 单击菜单【编辑】→【填充】命令,打开填充特征操作面板。

(5) 单击〖参照〗面板的〖定义〗按钮,打开〖草绘〗对话框,选择新建立的基准平面为草绘平面。

(6) 使用"通过边创建图元"工具 按钮,选择模型的底边为草图图元,如图 2-693 所示。

(7) 完成草图绘制,单击填充特征操作面板的 按钮,完成填充曲面的构建,如图 2-694 所示。

(8) 按下 Ctrl 键,同时在模型树中选择建立的填充曲面特征和合并曲面特征,然后单击 按钮,对选中的曲面进行合并。

(9) 选中合并后的曲面,单击菜单【编辑】→【加厚】命令,在打开的加厚特征操作面板设置厚度值为"3"。

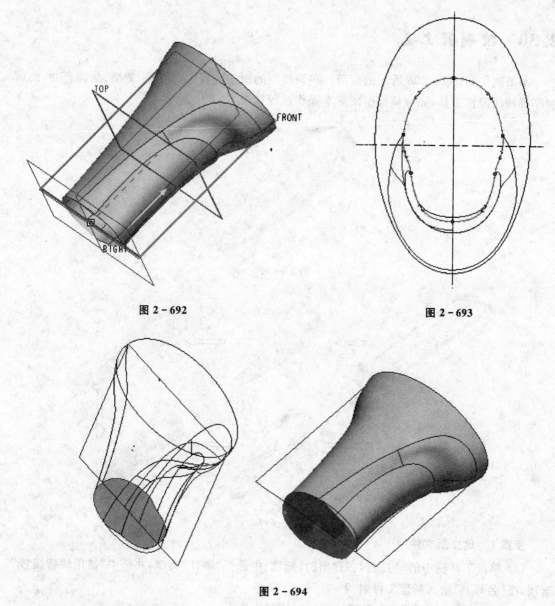

图 2-692

图 2-693

图 2-694

步骤 12 调整外观造型

（1）在模型树中选中"草绘 1"，右击鼠标，选择弹出菜单的【编辑】，在模型窗口修改外形曲线的尺寸。

（2）单击 按钮，重新生成模型。如图 2-695 所示为修改外形曲线的高度为"500"时的模型效果图。请读者试着调整外形曲线的尺寸，查看模型的变化，进一步理解参数造型的优势和特点。

步骤 13 保存文件

单击菜单【文件】→【保存】，保存当前模型文件。

图 2-695

2.30 控制器上盖

本节制作如图 2-696 所示的模型。在该模型的制作过程中,使用了造型、曲面合并、曲面加厚等特征操作工具,完成该模型的基本操作过程如图 2-697 所示。

图 2-696

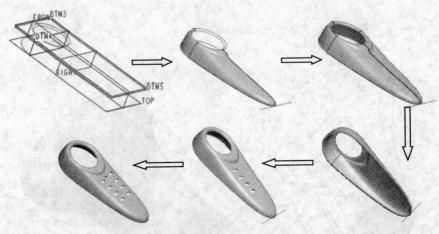

图 2-697

步骤 1 建立新文件

(1) 单击工具栏中的 按钮,在弹出的〖新建〗中选择"零件"类型,并选中"使用缺省模板"选项,在〖名称〗栏输入新建文件名"2-30"。

(2) 单击〖新建〗中的【确定】,进入零件设计工作界面。

步骤 2 建立主体定位的曲线

(1) 单击 按钮,打开〖草绘〗对话框。

(2) 选择 TOP 基准面为草绘平面,RIGHT 基准面为参照面,接受系统默认的视图方向,单击【草绘】,进入草绘工作环境。

(3) 绘制如图 2-698 所示的一段圆弧和一条水平线段(绘制时,首先绘制一 50×125 的矩形,除底边外,其他三边均设置为结构线,然后使用"创建与三个图元相切" 按钮,绘制出圆弧)。

(4) 单击草绘命令工具栏中的 按钮,完成第一条曲线的建立。

(5) 单击 按钮,打开〖基准平面〗对话框,建立平行于 TOP 基准平面且相距为 16 的基准平面 DTM2,如图 2-699 所示。

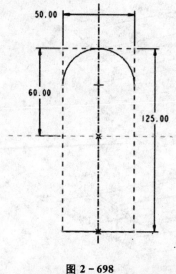

图 2-698

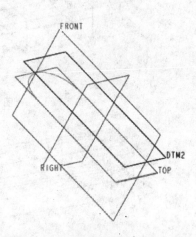

图 2-699

(6) 单击 ×× 按钮,打开〖基准点〗对话框,在建立的曲线线段中点和圆弧的一个端点分别建立基准点 PNT0 和 PNT1,如图 2-700 所示。

(7) 单击 按钮,打开〖草绘〗对话框。

(8) 选择 DTM2 基准面为草绘平面,RIGHT 基准面为参照面,接受系统默认的视图方向,单击【草绘】,进入草绘工作环境。

(9) 绘制如图 2-701 所示的一个椭圆曲线。

(10) 单击 按钮,打开〖基准平面〗,建立平行于 RIGHT 基准平面且通过基准点 PNT1 的基准平面 DTM4 如图 2-702 所示。

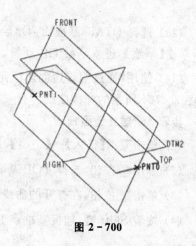

图 2-700

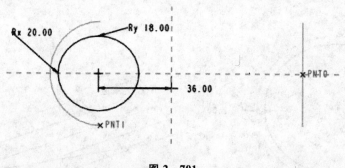

图 2-701

(11) 单击 按钮,打开〖基准平面〗对话框,建立平行于 DTM2 基准平面且向下偏移 1.5 的基准平面 DTM5,如图 2-703 所示。

(12) 单击 按钮,打开〖草绘〗。

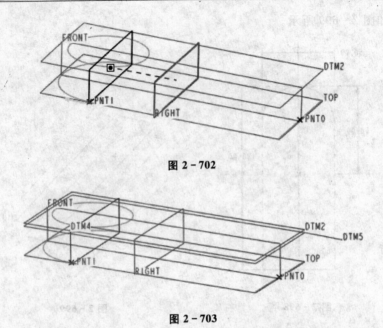

图 2-702

图 2-703

(13) 选择 DTM5 基准面为草绘平面，RIGHT 基准面为参照面，接受系统默认的视图方向，单击【草绘】，进入草绘工作环境。

(14) 使用"通过偏移边创建图元"按钮，选中前面绘制的椭圆曲线，向内偏移"2"，绘制如图 2-704 所示的椭圆曲线。

步骤 3　建立造型曲面

(1) 单击菜单【插入】→【造型】，或单击按钮，进入曲面造型工作环境。

(2) 单击按钮，选择 TOP 基准平面为活动基准平面。

(3) 单击按钮，在打开的曲线创建操作面板中选中"平面"。

(4) 按着 Shift 键，捕捉基准点 PNT0、PNT1，单击按钮，完成曲线的建立，如图 2-705 所示。

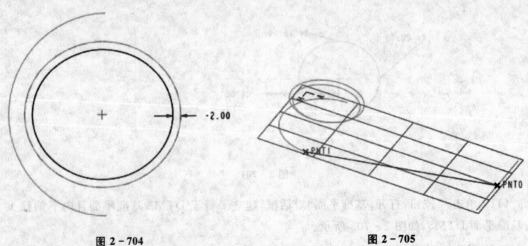

图 2-704　　　　　　　　　　图 2-705

(5) 单击 按钮,在打开的编辑曲线操作面板中选中"平面"。

(6) 通过使用右键菜单的【添加点】,在曲线适当位置添加控制点,调整曲线形状,如图 2-706 所示。

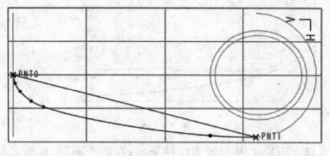

图 2-706

(7) 单击曲线在基准点 PNT1 处的端点,该端点显示一切线杆,选中该切线杆,右击鼠标选择弹出菜单的【相切】,使该曲线在该端点与其相连的曲线相切,如图 2-707 所示。

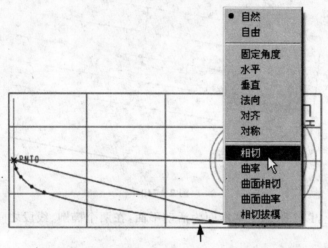

图 2-707

(8) 单击曲线在基准点 PNT0 处的端点,该端点显示一切线杆,选中该切线杆,右击鼠标选择弹出菜单的【水平】,使该曲线在该端点的切线杆水平,如图 2-708 所示。

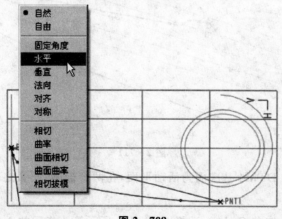

图 2-708

(9) 进一步调整曲线为满意形状，单击 按钮，完成曲线如图 2-709 所示。

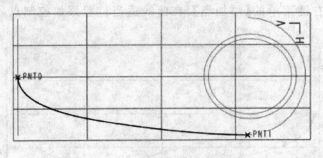

图 2-709

(10) 方法同上，以 FRONT 基准面为活动平面，在两个椭圆、圆弧之间建立如图 2-710 所示的曲线。

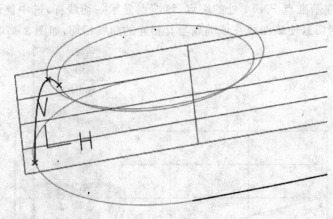

图 2-710

(11) 方法同上，以 FRONT 基准面为活动平面，在两个椭圆、线段之间建立如图 2-711 所示的曲线。

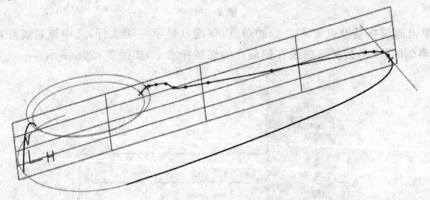

图 2-711

(12) 方法同上，以 DTM4 基准面为活动平面，在两个椭圆、圆弧之间建立如图 2-712 所示的曲线。

(13) 单击 按钮，按着 Ctrl 键，选择图 2-713 所示箭头指示的 4 条曲线。

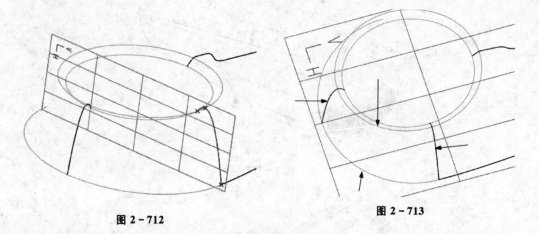

图 2-712　　　　　　　　　图 2-713

(14) 单击 ✓ 按钮,完成曲面的建立,如图 2-714 所示。

(15) 单击 按钮,按下 Ctrl 键,同时选择图 2-715 所示箭头指示的 4 条曲线。

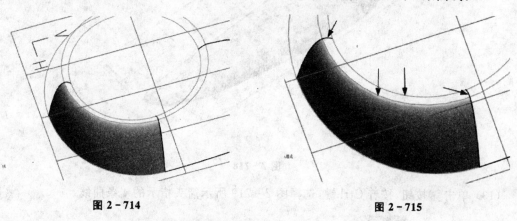

图 2-714　　　　　　　　　图 2-715

(16) 单击 ✓ 按钮,完成曲面的建立,如图 2-716 所示。

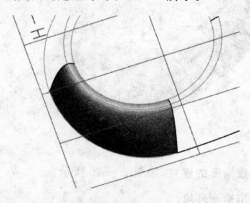

图 2-716

(17) 单击 按钮,按着 Ctrl 键,选择图 2-717 所示箭头指示的 4 条曲线。

(18) 单击 ✓ 按钮,完成曲面的建立,如图 2-718 所示。

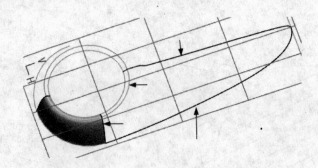

图 2-717

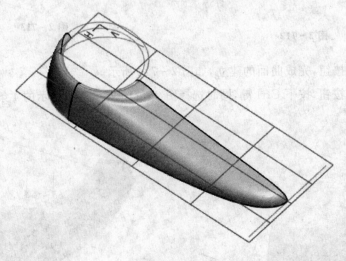

图 2-718

(19) 单击 按钮，按着 Ctrl 键，选择图 2-719 所示箭头指示的 4 条曲线。

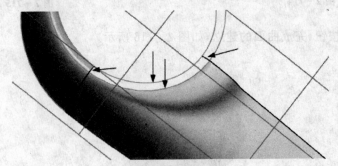

图 2-719

(20) 单击 按钮，完成曲面的建立，如图 2-720 所示。

(21) 单击 按钮，退出造型环境。

步骤 4　镜像复制曲面

(1) 选中步骤 3 建立的造型曲面，单击 按钮，打开镜像特征操作面板。

(2) 选中 FRONT 基准面为镜像参照，单击 按钮，完成镜像复制如图 2-721 所示。

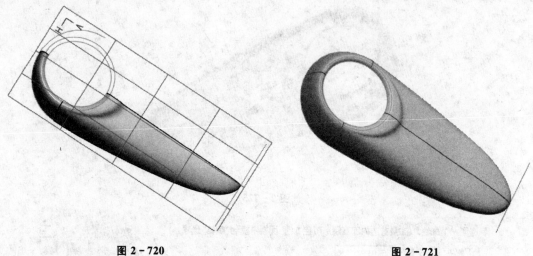

图 2-720　　　　　　　　　　　　　图 2-721

步骤 5　合并曲面

（1）如图 2-722 所示，在模型树中选择建立的曲面，单击 按钮，打开合并曲面特征操作面板。

（2）单击 按钮，完成两曲面的合并。

步骤 6　曲面转化为薄实体

（1）在模型树中，选中最后一个曲面特征，如图 2-723 所示。

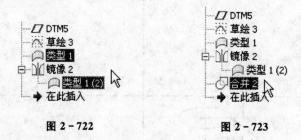

图 2-722　　　　　　　　　　　图 2-723

（2）单击菜单【编辑】→【加厚】，打开加厚特征操作面板。

（3）设置曲面的厚度为"1.5"，如图 2-724 所示。

图 2-724

（4）单击 按钮，完成曲面向实体的转化，如图 2-725 所示。

步骤 7　切割按键安装孔

（1）单击菜单【插入】→【拉伸】，打开拉伸特征操作面板。

（2）在特征操作面板中，进行如图 2-726 所示的设置。

（3）以 TOP 基准面为草绘平面，RIGHT 基准面为参照面，绘制如图 2-727 所示的一条样条线。

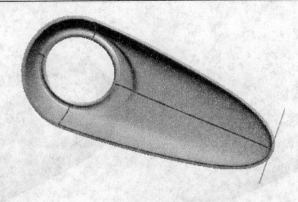

图 2-725

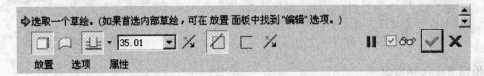

图 2-726

（4）完成拉伸截面的绘制，单击 ✓ 按钮，完成按键孔的建立，如图 2-728 所示。

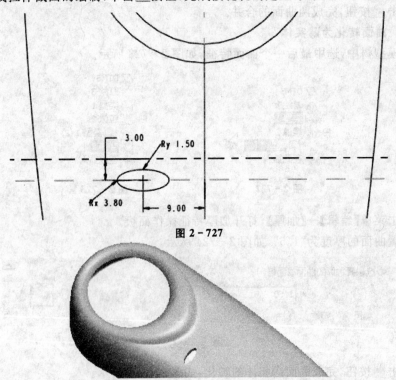

图 2-727

图 2-728

步骤 8 阵列复制按键

（1）选中步骤 7 建立的按键孔特征，单击 按钮，打开阵列特征操作面板。
（2）使用"方向"定义阵列，选择 RIGHT 基准面为方向参照，设定阵列个数为"4"，阵列成员间距为"10",各项设置如图2-729所示。

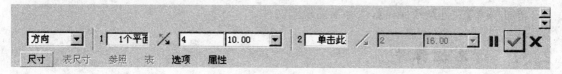

图 2-729

(3) 激活〖方向1〗的"尺寸"栏,在模型中选择按键孔的定位尺寸"9",如图2-730所示。
(4) 在〖尺寸〗面板中,设定尺寸增量为"-0.80",如图2-731所示的设置。
(5) 单击 ✓ 按钮,完成阵列特征的建立,如图2-732所示。

图 2-730

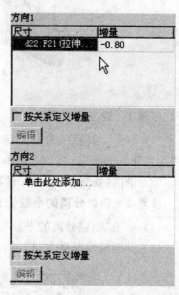

图 2-731

步骤9 镜像复制阵列特征

(1) 在模型树选中步骤8建立的阵列特征,单击 按钮,打开镜像特征操作面板。
(2) 选择FRONT基准面为镜像参照,单击 ✓ 按钮,完成镜像复制。
(3) 隐藏模型中的曲线,最终模型如图2-733所示。

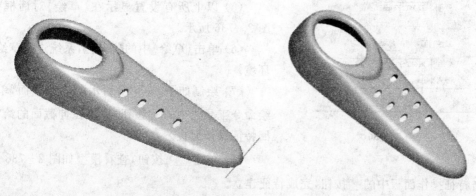

图 2-732　　　　　　　　　　图 2-733

步骤10　保存文件

单击菜单【文件】→【保存】,保存当前模型文件。

2.31　订书机弹片

使用 Pro/E 钣金模块建立如图 2-734 所示的零件模型。

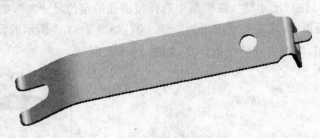

图 2-734

步骤1　建立新文件

(1) 单击工具栏中的 按钮,在弹出的〖新建〗对话框中选择"零件"、"钣金件"类型,并选中"使用缺省模板"选项,在〖名称〗栏输入新建文件名"2-31"。

(2) 单击〖新建〗对话框中的【确定】按钮,进入零件设计工作界面。

步骤2　创建分离的平整壁作为钣金第一壁

(1) 单击"创建分离的平整壁" 按钮,打开创建分离的平整壁特征操作面板。

(2) 设定拉伸厚度为"1",如图 2-735 所示。

图 2-735

图 2-736

(3) 单击〖参照〗中的【定义】,系统显示〖草绘〗。

(4) 选择 FRONT 基准面为草绘平面,RIGHT 基准面为参照平面,接受系统默认的视图方向。

(5) 以上所有设置显示在〖草绘〗对话框中,如图 2-736 所示。

(6) 单击〖草绘〗中的【草绘】,系统进入草绘工作环境。

(7) 绘制如图 2-737 所示的草绘截面,单击草绘命令工具栏中的 按钮,完成拉伸截面的绘制,返回特征操作面板。

(8) 单击 按钮,查看模型如图 2-738 所示,再单击特征操作面板中的 按钮,完成特征建立。

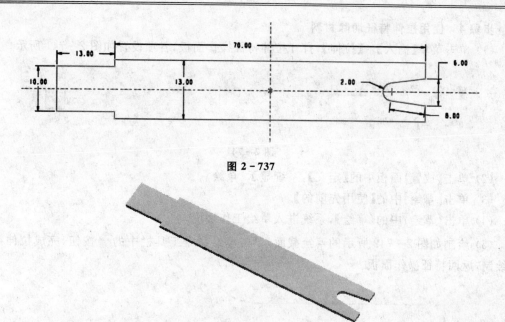

图 2-737

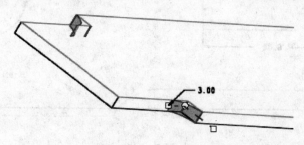

图 2-738

步骤 3　建立圆角特征

（1）单击菜单【插入】→【倒圆角】，建立 2 个圆角半径为 "3" 的圆角，如图 2-739 所示。

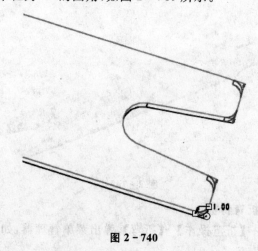

图 2-739

（2）建立 4 个圆角半径为 "1" 的圆角，如图 2-740 所示。

图 2-740

步骤4 使用拉伸特征切除材料

(1) 单击菜单【插入】→【拉伸】,打开拉伸特征操作面板,各项设置如图2-741所示。

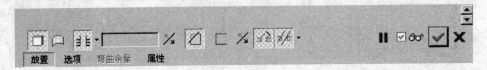

图 2-741

(2) 单击〖放置〗面板中的【定义】,系统显示〖草绘〗。
(3) 单击〖草绘〗中的【使用先前的】。
(4) 单击〖草绘〗中的【草绘】,系统进入草绘工作环境。
(5) 绘制如图2-742所示的草绘截面,单击草绘命令工具栏中的 ✓ 按钮,完成拉伸截面的绘制,返回特征操作面板。

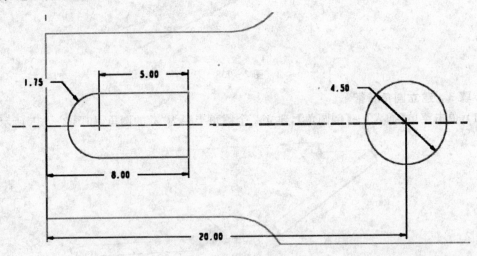

图 2-742

(6) 单击 ☑∞ 按钮,查看模型如图2-743所示,再单击特征操作面板中的 ✓ 按钮,完成特征建立。

图 2-743

步骤5 建立第一个折弯特征

(1) 单击菜单【插入】→【折弯操作】→【折弯】,弹出菜单管理器,如图2-744所示。

(2)单击菜单【角度】→【规则】→【完成】,在弹出的〖使用表〗中单击【零件折弯表】→【完成/返回】。

(3)系统出现〖半径所在的侧〗菜单,单击【内侧半径】→【完成/返回】。

(4)选择如图2-745所示的面为草绘平面,单击【正向】→【缺省】,进入草绘工作环境。

(5)绘制如图2-746所示的一条折弯线。

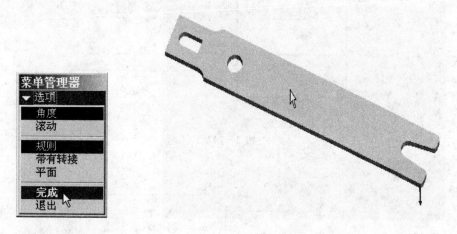

图 2-744　　　　　　　　图 2-745

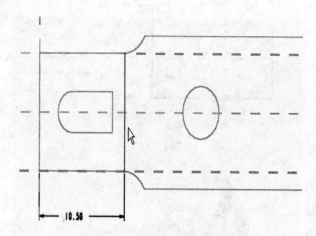

图 2-746

(6)系统提示:"指明在实体的哪一侧创建特征",选择在折弯线的左侧创建特征,如图2-747所示。

(7)根据系统提示,选择折弯线的右侧为固定侧,如图2-748所示。

(8)单击菜单【无止裂槽】→【完成】,在弹出的〖DEF BEND ANGLE〗中单击【90.000】→【反向】→【完成】,如图2-749所示。

(9)单击〖选取半径〗中的【厚度】,单击对话框的【确定】完成折弯操作,如图2-750所示。

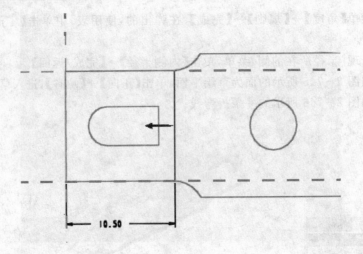

图 2-747

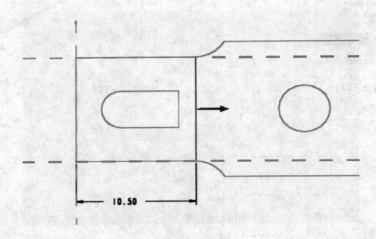

图 2-748

图 2-749

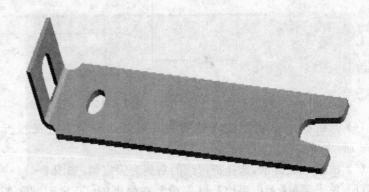

图 2-750

步骤 6　建立第二个折弯特征

(1) 单击菜单【插入】→【折弯操作】→【折弯】,弹出菜单管理器,如图 2-751 所示。

(2) 单击菜单【角度】→【规则】→【完成】,在弹出的〖使用表〗中单击【零件折弯表】→【完成/返回】。

（3）系统出现〖半径所在的侧〗菜单，单击【内侧半径】→【完成/返回】。

（4）选择如图 2-752 所示的面为草绘平面，单击【正向】→【缺省】，进入草绘工作环境。

（5）绘制如图 2-753 所示的一条折弯线。

（6）系统提示："指明在实体的哪一侧创建特征"，选择在折弯线的右侧创建特征，选择折弯线的左侧为固定侧。

（7）单击菜单【无止裂槽】→【完成】，在弹出的〖DEF BEND ANGLE〗菜单，单击【30.000】→【反向】→【完成】，如图 2-754 所示。

图 2-751

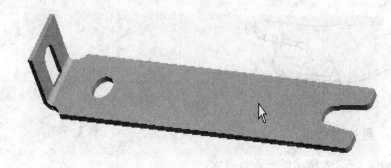

图 2-752

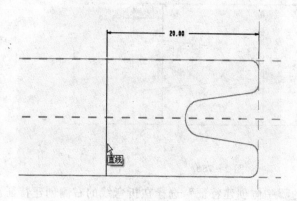

图 2-753

图 2-754

（8）单击〖选取半径〗菜单的【输入值】，设定折弯率为"12"。单击对话框的【确定】完成折弯操作，如图 2-755 所示。

图 2-755

步骤7　建立第三个折弯特征

(1) 单击菜单【插入】→【折弯操作】→【折弯】,弹出菜单管理器。

(2) 单击菜单【滚动】→【规则】→【完成】命令,在弹出的〖使用表〗中单击【零件折弯表】→【完成/返回】。

(3) 在系统出现〖半径所在的侧〗中单击【内侧半径】→【完成/返回】命令。

(4) 选择如图 2-756 所示的面为草绘平面,单击【正向】→【缺省】,进入草绘工作环境。

(5) 选择箭头所示的 3 条边为草绘参照,如图 2-757 所示。

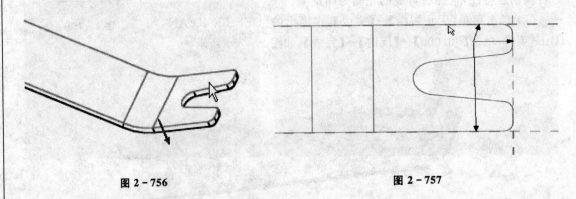

图 2-756　　　　　　　　　　图 2-757

(6) 绘制如图 2-758 所示的一条折弯线。

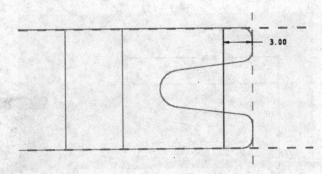

图 2-758

(7) 系统提示:"指明在实体的哪一侧创建特征",选择在折弯线的右侧创建特征。

(8) 根据系统提示,选择折弯线的左侧为固定侧。

(9) 单击菜单【无止裂槽】→【完成】。

(10) 单击〖选取半径〗中的【输入值】,设置折弯半径为"2",单击对话框的【确定】,完成折弯操作,如图 2-759 所示。

步骤8　建立连接平整壁

(1) 单击菜单【插入】→【钣金件壁】→【平整】,或单击工具栏 按钮,打开创建平整壁特征操作面板。

(2) 在操作面板选定"用户定义"和"平整"选项,如图 2-760 所示。

(3) 选择如图 2-761 中鼠标所指的边为连接边。

(4) 单击〖形状〗面板的【草绘】,弹出〖草绘〗接受默认设置,再单击【草绘】按钮进入草绘工

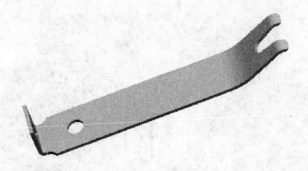

图 2-759

图 2-760

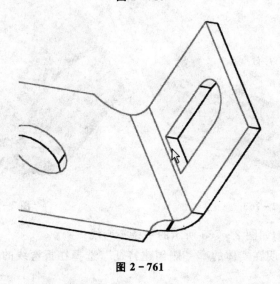

图 2-761

作环境。

(5) 绘制如图 2-762 所示的几何形状,单击 ✓ 按钮完成草绘。

(6) 单击操作面板的【完成】,或单击鼠标中键,完成连接平整壁的创建,如图 2-763 所示。

步骤 9　建立第四个折弯特征

(1) 单击菜单【插入】→【折弯操作】→【折弯】,弹出菜单管理器。

(2) 单击菜单【角度】→【规则】→【完成】,在弹出的〖使用表〗中单击【零件折弯表】→【完成/返回】。

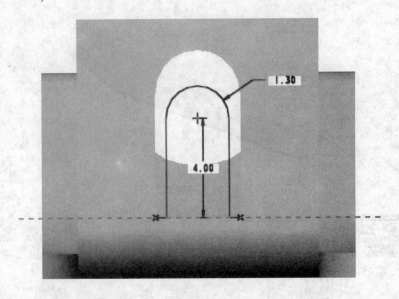

图 2-762

（3）系统出现〖半径所在的侧〗菜单，单击【内侧半径】→【完成/返回】。

（4）选择如图2-764所示的面为草绘平面，单击【正向】→【缺省】，进入草绘工作环境。

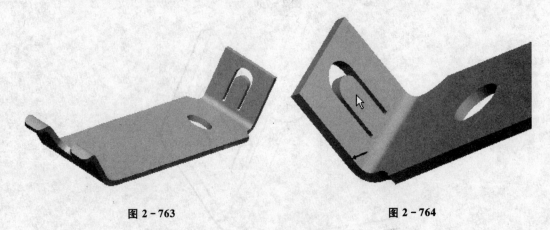

图 2-763　　　　　　　　　　　图 2-764

（5）设定参照，绘制如图2-765所示的一条折弯线。

（6）系统提示："指明在实体的哪一侧创建特征"，选择在折弯线的上侧创建特征，选择折弯线的下侧为固定侧。

（7）单击菜单【无止裂槽】→【完成】，在弹出的〖DEF BEND ANGLE〗中单击【90.000】→【完成】，如图2-766所示。

（8）单击〖选取半径〗中的【Enter Value】命令，设定折弯率为"0.2"。单击对话框的【确定】，完成折弯操作，如图2-767所示。

步骤10　保存文件

单击菜单【文件】→【保存】，保存当前模型文件，然后关闭当前工作窗口。

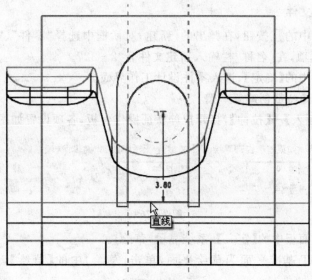

图 2-765

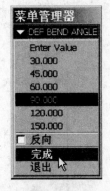

图 2-766

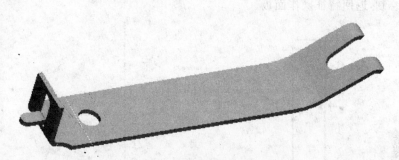

图 2-767

2.32 钣金弯架

使用 Pro/E 钣金模块建立如图 2-768 所示的零件模型。

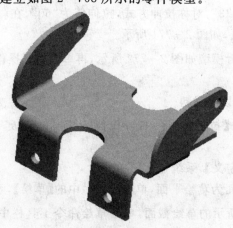

图 2-768

步骤1 建立新文件

(1) 单击工具栏中的 按钮,在弹出的〖新建〗对话框中选择"零件"、"钣金件"类型,并选中"使用缺省模板"选项,在〖名称〗栏输入新建文件名"2-32"。

(2) 单击〖新建〗中的【确定】,进入零件设计工作界面。

步骤2 使用拉伸特征创建第一壁

(1) 单击菜单【插入】→【拉伸】,打开拉伸特征操作面板,各项设置如图2-769所示。

图2-769

(2) 单击〖放置〗面板中的【定义】,系统显示〖草绘〗。

(3) 选择FRONT基准平面为草绘平面,单击〖草绘〗中的【草绘】,系统进入草绘工作环境。

(4) 绘制如图2-770所示的草绘截面,单击草绘命令工具栏中的 按钮,完成拉伸截面的绘制,返回特征操作面板。

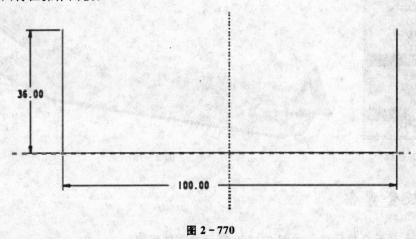

图2-770

(5) 设置钣金壁厚度为"3",对称拉伸方式,拉伸值为"60",在〖选项〗中选定"在锐边上添加折弯",其他接受默认选项,如图2-771所示。

(6) 单击 按钮,查看模型如图2-772所示,再单击特征操作面板中的 按钮,完成特征建立。

步骤3 使用拉伸特征切除材料

(1) 单击菜单【插入】→【拉伸】命令,打开拉伸特征操作面板,选中 按钮,各项设置如图2-773所示。

(2) 单击〖放置〗中的【定义】,系统显示〖草绘〗。

(3) 选择TOP基准平面为草绘平面,单击〖草绘〗中的【草绘】,系统进入草绘工作环境。

(4) 绘制如图2-774所示的草绘截面,单击草绘命令工具栏中的 按钮,完成拉伸截面的绘制,返回特征操作面板。

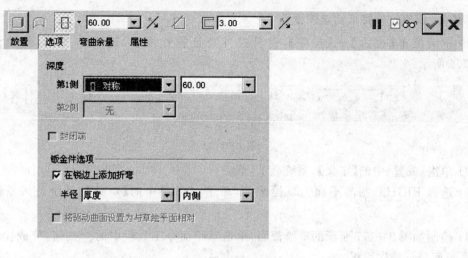

图 2-771

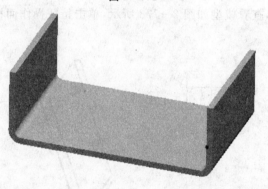

图 2-772

图 2-773

(5) 单击 ☑∞ 按钮,查看模型如图 2-775 所示,单击特征操作面板中的 ☑ 按钮,完成特征建立。

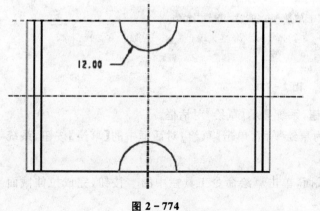

图 2-774　　　　　　　　　　　　　图 2-775

步骤4 使用拉伸特征创建侧壁孔

(1) 单击菜单【插入】→【拉伸】,打开拉伸特征操作面板,选中 按钮,各项设置如图 2-776 所示。

图 2-776

(2) 单击〖放置〗中的【定义】,系统显示〖草绘〗。

(3) 选择 RIGHT 基准平面为草绘平面,单击〖草绘〗中的【草绘】,系统进入草绘工作环境。

(4) 绘制如图 2-777 所示的草绘截面,单击草绘命令工具栏中的 按钮,完成拉伸截面的绘制,返回特征操作面板。

(5) 单击 按钮,查看模型如图 2-778 所示,单击特征操作面板中的 按钮,完成特征建立。

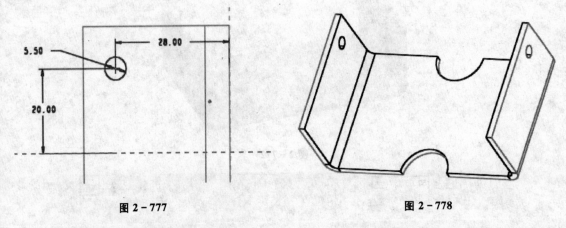

图 2-777   图 2-778

步骤5 使用拉伸特征创建侧壁形状

(1) 单击菜单【插入】→【拉伸】,打开拉伸特征操作面板,选中 按钮,各项设置如图 2-779 所示。

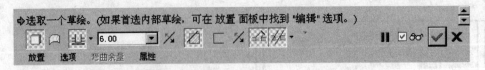

图 2-779

(2) 单击〖放置〗面板中的【定义】按钮,系统显示〖草绘〗对话框。

(3) 选择如图 2-780 鼠标指示面为草绘平面,单击〖草绘〗对话框中的【草绘】按钮,系统进入草绘工作环境。

(4) 绘制如图 2-781 所示的草绘截面,单击草绘命令工具栏中的 按钮,完成拉伸截面的绘制,返回特征操作面板。

图 2-780

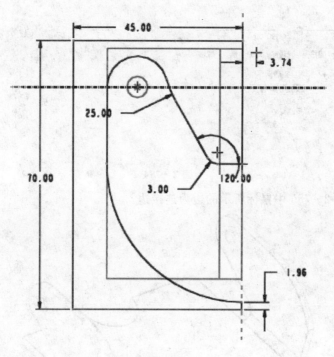

图 2-781

(5) 单击 ⊙∞ 按钮,查看模型如图 2-782 所示,单击特征操作面板中的 ✓ 按钮,完成特征建立。

(6) 在模型树选中刚刚建立的拉伸特征,单击主菜单【编辑】→【镜像】,打开镜像特征操作面板,选择 RIGHT 基准平面为镜像平面,完成特征建立如图 2-783 所示。

步骤 6 创建平整壁 1

(1) 单击菜单【插入】→【钣金件壁】→【平整】,或单击工具栏 ⌐ 按钮,打开创建平整壁特征操作面板。

(2) 在操作面板选定平整壁形状为"矩形",其他设置如图 2-784 所示。

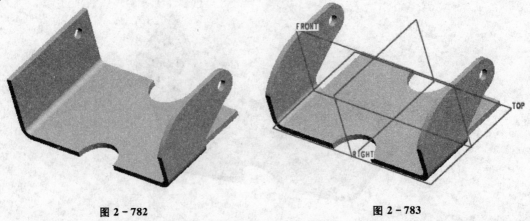

图 2-782　　　　　　　　　　　　　图 2-783

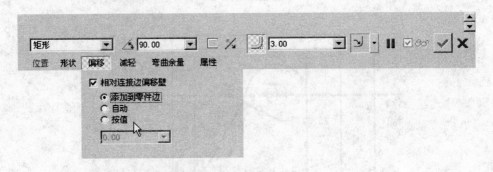

图 2-784

(3) 选择如图 2-785 中鼠标所示的边为连接边。

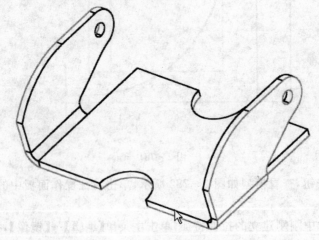

图 2-785

(4) 如图 2-786 所示,在〖形状〗面板设定钣金壁形状尺寸。

(5) 单击操作面板的【完成】,或单击鼠标中键,完成平整壁的创建,如图 2-787 所示。

步骤 7　创建平整壁 2

(1) 单击菜单【插入】→【钣金件壁】→【平整】,或单击工具栏 按钮,打开创建平整壁特征操作面板。

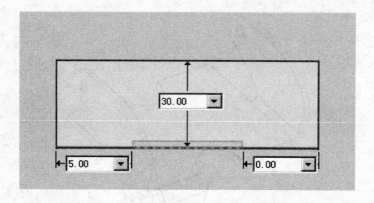

图 2-786

图 2-787

(2) 在操作面板选定平整壁形状为"矩形",其他设置如图 2-788 所示。

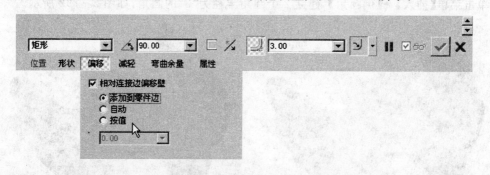

图 2-788

(3) 选择如图 2-789 中鼠标所示的边为连接边。
(4) 如图 2-790 所示,在〖形状〗面板设定钣金壁形状尺寸。
(5) 单击操作面板的【完成】,或单击鼠标中键,完成平整壁的创建,如图 2-791 所示。

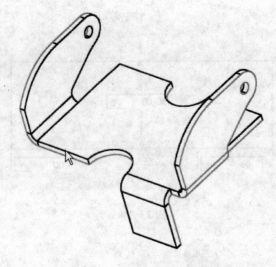

图 2-789

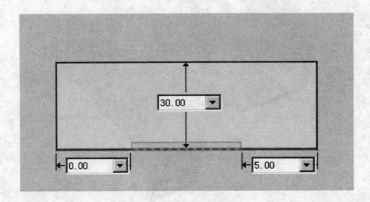

图 2-790

步骤 8 建立倒圆角特征

单击菜单【插入】→【倒圆角】,建立 2 个圆角半径为"3"的圆角,如图 2-792 所示。

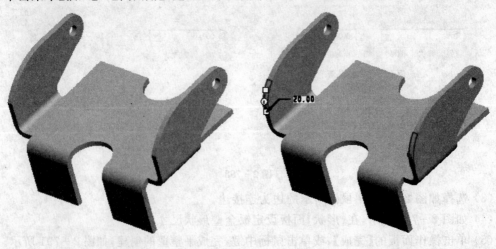

图 2-791　　　　　　　　　　　　图 2-792

步骤9 建立孔特征

(1) 单击菜单【插入】→【孔】,打开孔特征操作面板,各项设置如图2-793所示。

图 2-793

(2) 选择如图2-794所示的面放置孔,孔的定位尺寸、孔径大小与深度如图2-795所示。

图 2-794

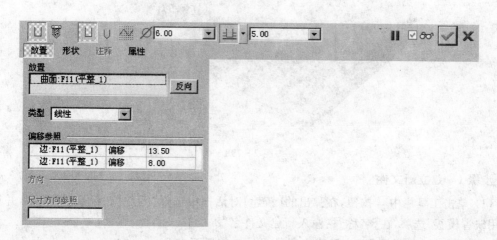

图 2-795

(3) 单击 按钮,查看模型如图2-796所示,再单击特征操作面板中的 按钮,完成孔特征建立。

(4) 同样方法或使用镜像功能,完成另一孔特征,结果如图2-797所示。

步骤10 保存文件

单击菜单【文件】→【保存】,保存当前模型文件,然后关闭当前工作窗口。

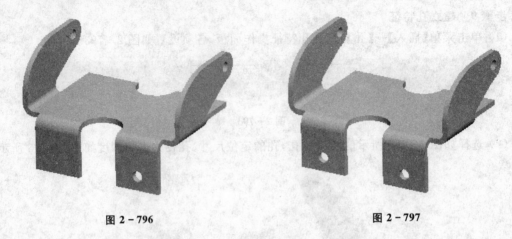

图 2-796　　　　　　　　　　　图 2-797

2.33　配电箱壳体

使用 Pro/E 钣金模块建立如图 2-798 所示的零件模型。

图 2-798

步骤1　建立新文件

(1) 单击工具栏中 按钮,在弹出的〖新建〗对话框中选择"零件"、"钣金件"类型,并选中"使用缺省模板"选项,在〖名称〗栏输入新建文件名"2-33"。

(2) 单击〖新建〗中的【确定】,进入零件设计工作界面。

步骤2　使用拉伸特征创建第一壁

(1) 单击菜单【插入】→【拉伸】,打开拉伸特征操作面板,各项设置如图 2-799 所示。

图 2-799

（2）单击〖放置〗中的【定义】系统显示〖草绘〗。

（3）选择 FRONT 基准平面为草绘平面，单击〖草绘〗对话框中的【草绘】，系统进入草绘工作环境。

（4）绘制如图 2-800 所示的草绘截面，单击草绘命令工具栏中的 按钮，完成拉伸截面的绘制，返回特征操作面板。

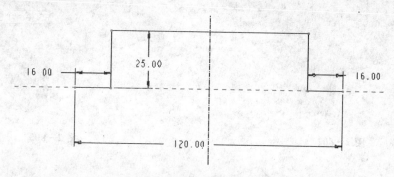

图 2-800

（5）设置钣金壁厚度为"0.78"，拉伸值为"125"，在〖选项〗面板选定"在锐边上添加折弯"，其他接受默认选项，如图 2-801 所示。

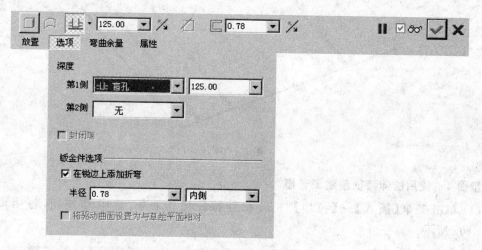

图 2-801

（6）单击 按钮，查看模型如图 2-802 所示，单击特征操作面板中的 按钮，完成特征建立。

步骤 3　展平特征

（1）单击菜单【插入】→【折弯操作】→【展平】命令，或单击工具栏 按钮，再打开〖展平选项〗菜单管理器，单击【规则】→【完成】。

（2）系统提示："选取当展平/折弯回去时保持固定的平面或边。"，选择如图 2-803 中鼠标所示的面为保持固定的平面。

（3）单击【展平全部】→【完成】，再单击鼠标中键或单击【确定】完成展平操作如图 2-804 所示。

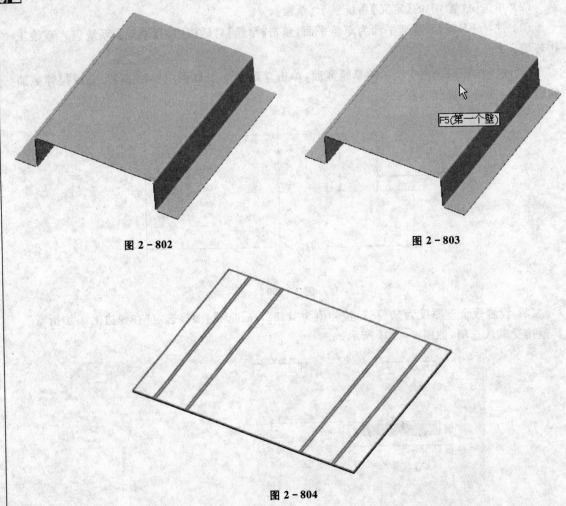

图 2-802   图 2-803

图 2-804

步骤 4 使用拉伸特征创建工艺槽

(1) 单击菜单【插入】→【拉伸】,打开拉伸特征操作面板,选中 按钮,各项设置如图 2-805 所示。

图 2-805

(2) 单击〖放置〗面板中的【定义】,系统显示〖草绘〗。

(3) 选择图 2-806 所示的面为草绘平面,单击〖草绘〗中的【草绘】,系统进入草绘工作环境。

(4) 绘制如图 2-807 所示的草绘截面,单击草绘命令工具栏中的 按钮,完成拉伸截面的绘制,返回特征操作面板。

(5) 单击 按钮,查看模型如图 2-808 所示,单击特征操作面板中的 按钮,完成特征建立。

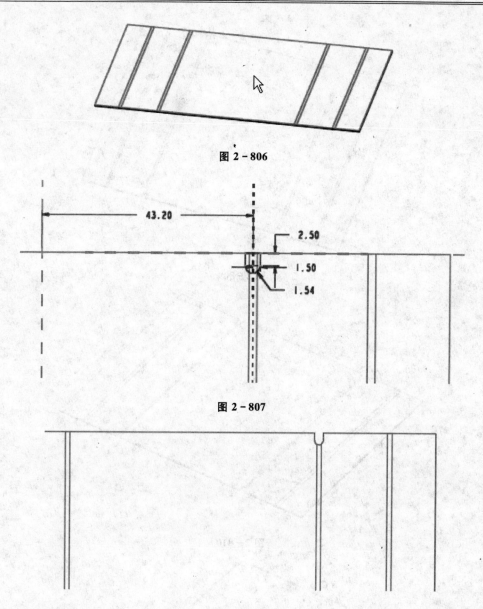

图 2-806

图 2-807

图 2-808

(6) 同样操作或使用镜像复制功能,完成其他几个工艺槽,完成的结果如图 2-809 所示。

步骤 5　折弯回去

(1) 单击菜单【插入】→【折弯操作】→【折弯回去】,或单击工具栏 按钮,打开〖展平选项〗菜单管理器,单击【规则】→【完成】。

(2) 系统提示:"选取当展平/折弯回去时保持固定的平面或边。",选择如图 2-810 中鼠标所示的面为保持固定的平面。

(3) 单击【折弯回去全部】→【完成】,单击鼠标中键或单击【确定】,完成折弯回去操作,如图 2-811 所示。

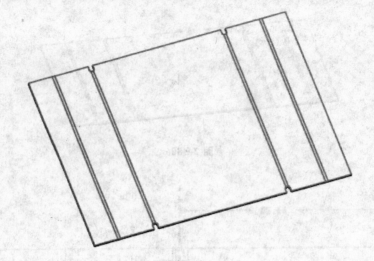

图 2-809

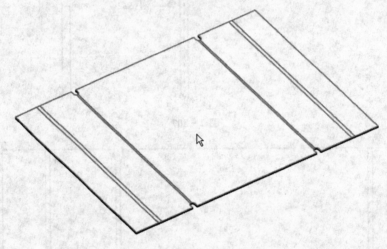

图 2-810

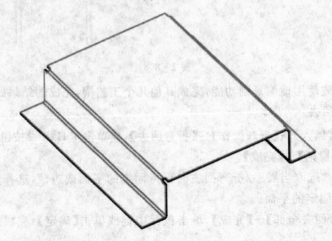

图 2-811

步骤 6　创建平整壁

(1) 单击菜单【插入】→【钣金件壁】→【平整】,或单击工具栏 按钮,打开创建平整壁特征操作面板。

(2) 在操作面板选定平整壁形状为"矩形",其他设置如图 2-812 所示。

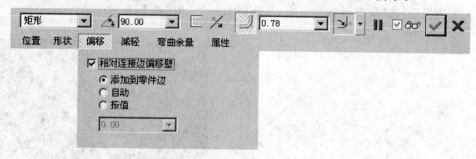

图 2-812

(3) 选择如图 2-813 中鼠标所示的边为连接边。

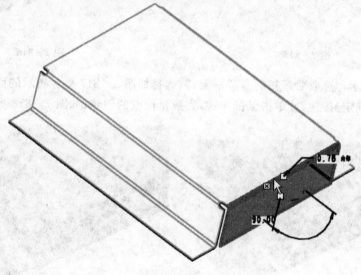

图 2-813

(4) 如图 2-814 所示,在〖形状〗面板设定钣金壁形状尺寸。

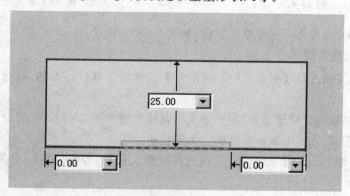

图 2-814

(5)单击操作面板【完成】按钮,或单击鼠标中键,完成平整壁的创建,如图2-815所示。

步骤7 创建延伸壁

(1)单击菜单【插入】→【钣金件壁】→【延伸】,或单击工具栏 按钮,打开〖壁选项:延伸〗对话框。

(2)系统提示:"选取要延拓的直边。",选择如图2-816鼠标指示的边。

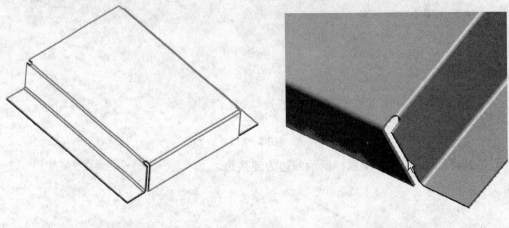

图2-815　　　　　　　　　　　图2-816

(3)系统提示:"选取要延拓的参照平面。",选择如图2-817鼠标指示的面。

(4)单击【确定】按钮,或单击鼠标中键,完成延伸壁的创建,如图2-818所示。

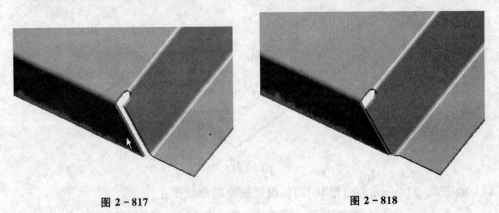

图2-817　　　　　　　　　　　图2-818

(5)同样方法,完成另一延伸壁的创建,如图2-819所示。

步骤8 建立法兰壁

(1)单击菜单【插入】→【钣金件壁】→【法兰】,或单击工具栏 按钮,打开创建法兰壁特征操作面板。

(2)在操作面板选定壁形状为"用户定义",其他设置如图2-820所示。

(3)选择如图2-821中鼠标所示的边为连接边。

(4)单击〖轮廓〗面板的【草绘】按钮,接受系统默认设置,单击〖草绘〗中的【草绘】,进入草绘环境。

(5)绘制如图2-822所示的几何轮廓,单击 按钮,完成草绘,返回特征操作面板。

图 2-819

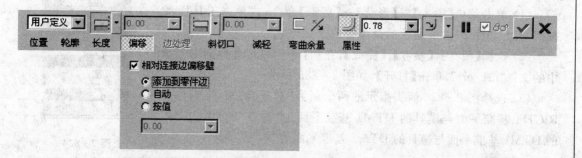

图 2-820

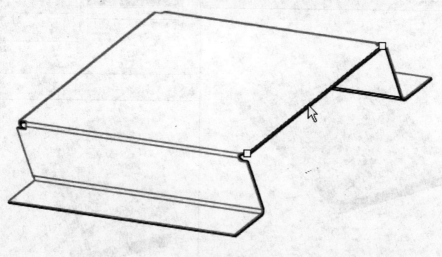

图 2-821

(6) 单击操作面板的【完成】按钮,或单击鼠标中键,完成法兰壁的创建,如图 2-823 所示。

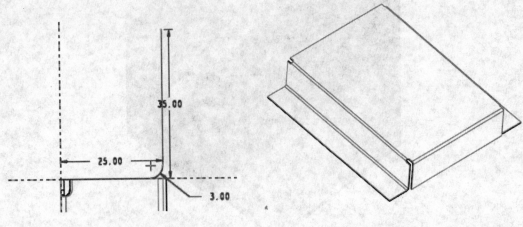

图 2-822   图 2-823

步骤 9 建立模具成形

(1) 单击菜单【插入】→【形状】→【成形】命令,或单击工具栏 按钮,打开如图 2-824 所示的菜单管理器。

(2) 选择【模具】|【参考】|【完成】,在〖打开〗窗口,选择随书光盘中的文件"m1.prt",单击【打开】,如图 2-825 所示。

(3) 选择图 2-826 箭头指示的两个面为"对齐"约束,主箱体的 RIGHT 基准平面与模具的 DTM1 基准平面为"对齐"约束,主箱体的 DTM1 基准平面与模具的 DTM2 基准平面为"匹配"约束。

图 2-824

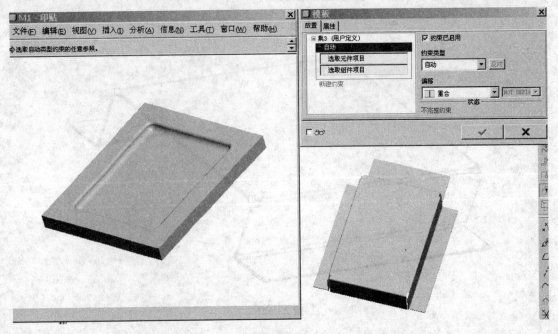

图 2-825

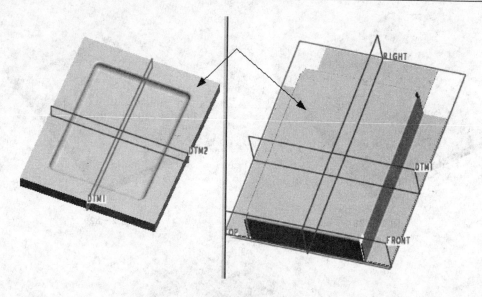

图 2-826

(4) 在〖模板〗窗口,勾选 ☑∞ 按钮,组装结果如图 2-827 所示。

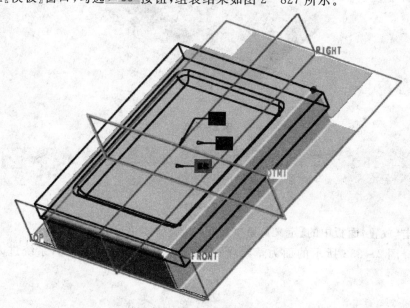

图 2-827

(5) 单击鼠标中键,完成组装操作,系统提示"从参照零件选取边界平面",选取如图 2-828 中鼠标所示的面。

(6) 系统提示"从参照零件选取种子曲面",选取如图 2-829 中鼠标所示的面。

(7) 单击【确定】按钮,或单击鼠标中键,完成模具成形操作,如图 2-830 所示。

步骤 10 使用拉伸特征创建方孔

(1) 单击菜单【插入】→【拉伸】,打开拉伸特征操作面板,选中 ▱ 按钮,各项设置如图 2-831 所示。

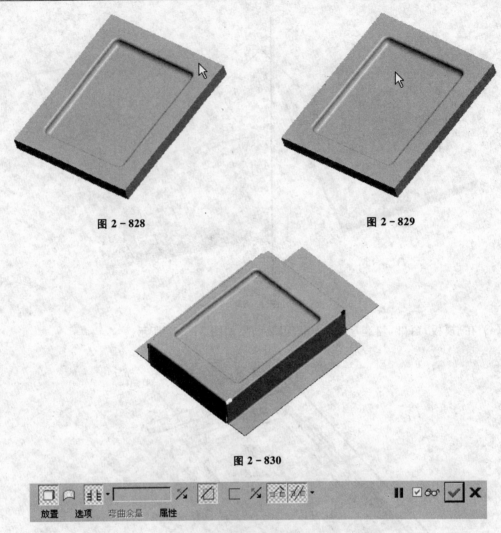

图 2-828　　　　　　　　　　　　　图 2-829

图 2-830

图 2-831

(2) 单击〖放置〗面板中的【定义】，系统显示〖草绘〗。

(3) 选择图 2-832 所示的面为草绘平面，单击〖草绘〗中的【草绘】，系统进入草绘工作环境。

图 2-832

(4) 绘制如图 2-833 所示的草绘截面，单击草绘命令工具栏中的 ✓ 按钮，完成拉伸截面的绘制，返回特征操作面板。

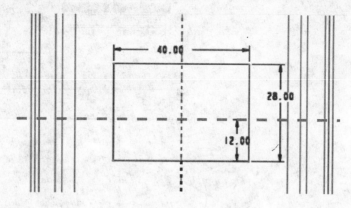

图 2-833

(5) 单击 ☑∞ 按钮，查看模型如图 2-834 所示，单击特征操作面板中的 ✓ 按钮，完成特征建立。

步骤 11 建立冲落孔

(1) 单击菜单【插入】→【形状】→【成形】，或单击工具栏 ↑ 按钮，打开如图 2-835 所示的菜单管理器。

图 2-834　　　　　图 2-835

(2) 选择【冲孔】|【参考】|【完成】，在〖打开〗窗口，选择随书光盘中的文件"m2.prt"，单击【打开】，如图 2-836 所示。

(3) 选择图 2-837 箭头指示的两个面为"匹配"约束，主箱体的 DTM1 基准平面与模具的 DTM3 基准平面为"对齐"约束，并相距"30"，主箱体的 TOP 基准平面与模具的 DTM1 基准平面为"对齐"约束，并相距"15"。

(4) 在〖模板〗窗口，勾选 ☑∞ 按钮，组装结果如图 2-838 所示。

(5) 单击鼠标中键，完成组装操作，单击菜单管理器的【反向】、【正向】，系统返回〖模板〗窗口，选取"排除曲面"单击【定义】，如图 2-839 所示。

(6) 在〖印贴〗窗口，按住 Ctrl 键，选取圆台的侧面为排除的曲面，如图 2-840 所示的面。

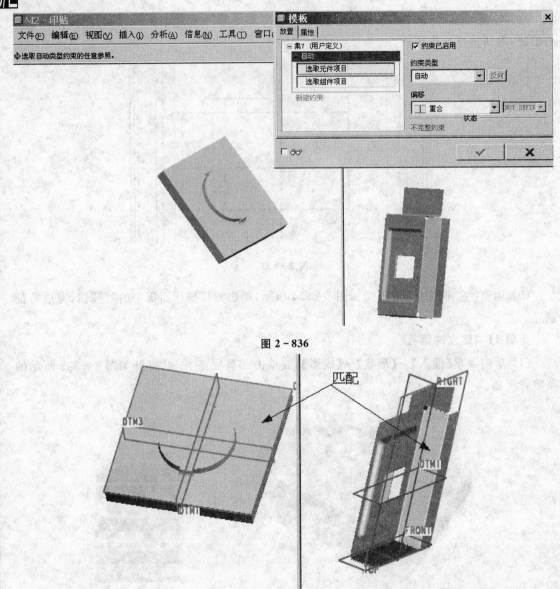

图 2-836

图 2-837

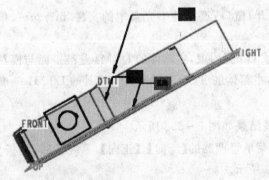

图 2-838

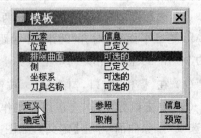

图 2-839

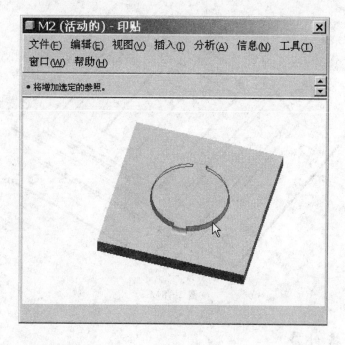

图 2-840

（7）单击菜单管理器的【完成参考】，单击〖模板〗中的【确定】，或单击鼠标中键，完成冲孔成形操作，如图 2-841 所示。

图 2-841

步骤 12　创建安装孔
使用孔创建工具或使用拉伸特征创建如图 2-842 所示的安装孔（限于篇幅，不再赘述）。
步骤 13　保存文件
单击菜单【文件】→【保存】命令，保存当前模型文件，然后关闭当前工作窗口。

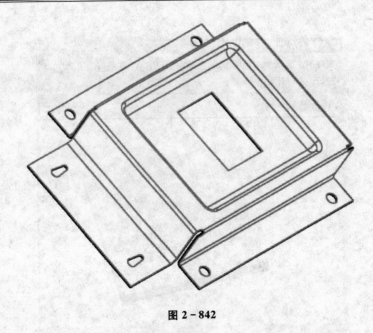

图 2-842

2.34 控制箱外壳

使用 Pro/E 钣金模块建立如图 2-843 所示的零件模型。

图 2-843

步骤 1 建立新文件

(1) 单击工具栏中的 按钮,在弹出的〖新建〗中选择"零件"、"钣金件"类型,并选中"使用缺省模板"选项,在〖名称〗栏输入新建文件名"2-34"。

(2) 单击〖新建〗中的【确定】,进入零件设计工作界面。

步骤 2 使用拉伸特征创建第一壁

(1) 单击菜单【插入】→【拉伸】,打开拉伸特征操作面板,各项设置如图 2-844 所示。

(2) 单击〖放置〗中的【定义】,系统显示〖草绘〗。

图 2-844

(3) 选择 FRONT 基准平面为草绘平面,单击〖草绘〗中的【草绘】,系统进入草绘工作环境。

(4) 绘制如图 2-845 所示的草绘截面,单击草绘命令工具栏中的 ✓ 按钮,完成拉伸截面的绘制,返回特征操作面板。

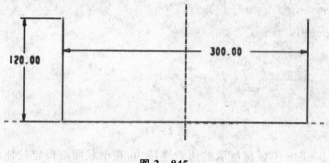

图 2-845

(5) 设置钣金壁厚度为"1",对称拉伸方式,拉伸值为"400",在〖选项〗面板选定"在锐边上添加折弯",其他接受默认选项,如图 2-846 所示。

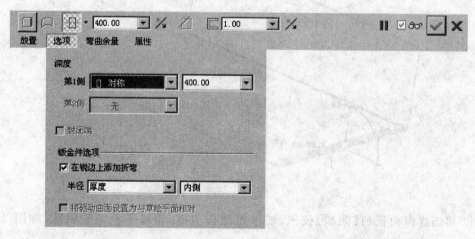

图 2-846

(6) 单击 按钮,查看模型如图 2-847 所示,单击特征操作面板中的 ✓ 按钮,完成特征建立。

步骤 3　创建平整壁 1

(1) 单击菜单【插入】→【钣金件壁】→【平整】,或单击工具栏 按钮,打开创建平整壁特征操作面板。

(2) 在操作面板中选定平整壁形状为"矩形",其他设置如图 2-848 所示。

图 2-847

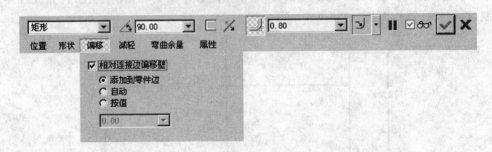

图 2-848

(3) 选择如图 2-849 中鼠标所示的边为连接边,在形状面板设定拉伸深度为"10"。

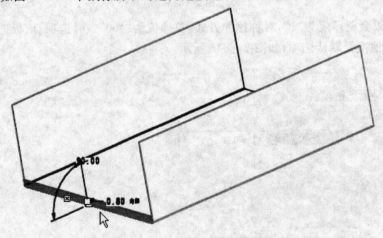

图 2-849

(4) 单击操作面板的【完成】按钮,或单击鼠标中键,完成平整壁的创建,如图 2-850 所示。

步骤 4　创建平整壁 2

(1) 单击菜单【插入】→【钣金件壁】→【平整】,或单击工具栏 按钮,打开创建平整壁特征操作面板。

(2) 在操作面板选定平整壁形状为"矩形",其他设置如图 2-851 所示。

(3) 选择如图 2-852 中鼠标所示的边为连接边,在形状面板设定拉伸深度为"10"。

(4) 单击操作面板【完成】,或单击鼠标中键,完成平整壁的创建,如图 2-853 所示。

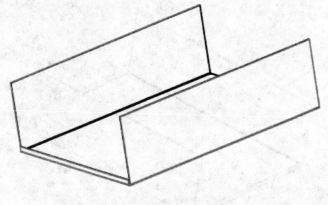

图 2-850

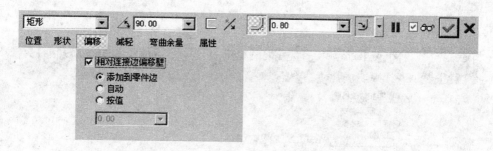

图 2-851

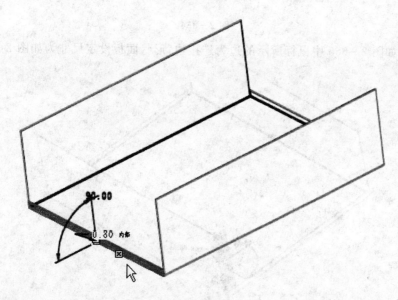

图 2-852

步骤 5　创建平整壁 3

(1) 单击菜单【插入】→【钣金件壁】→【平整】，或单击工具栏 按钮，打开创建平整壁特征操作面板。

(2) 在操作面板选定平整壁形状为"矩形"，其他设置如图 2-854 所示。

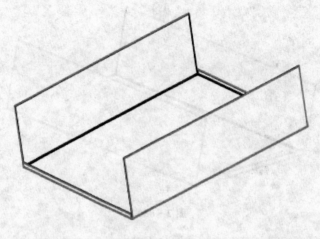

图 2-853

图 2-854

（3）选择如图 2-855 中鼠标所示的边为连接边，形状面板设定尺寸为如图 2-856 所示。

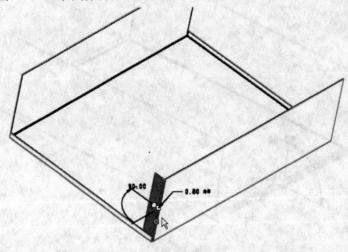

图 2-855

（4）单击操作面板的【完成】，或单击鼠标中键，完成平整壁的创建，如图 2-857 所示。

步骤 6　创建平整壁 4

（1）单击菜单【插入】→【钣金件壁】→【平整】，或单击工具栏 按钮，打开创建平整壁特征操作面板。

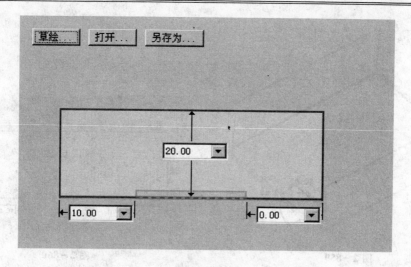

图 2-856

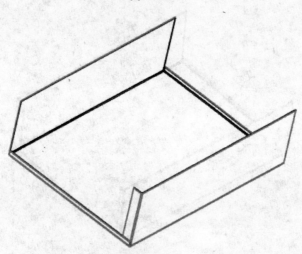

图 2-857

（2）在操作面板选定平整壁形状为"矩形"，其他设置如图 2-858 所示。

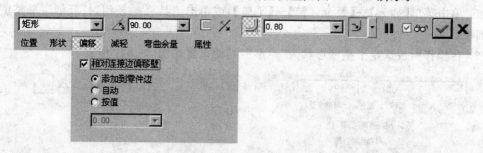

图 2-858

（3）选择如图 2-859 中鼠标所示的边为连接边，形状面板设定尺寸为如图 2-860 所示。
（4）单击操作面板的【完成】，或单击鼠标中键，完成平整壁的创建，如图 2-861 所示。

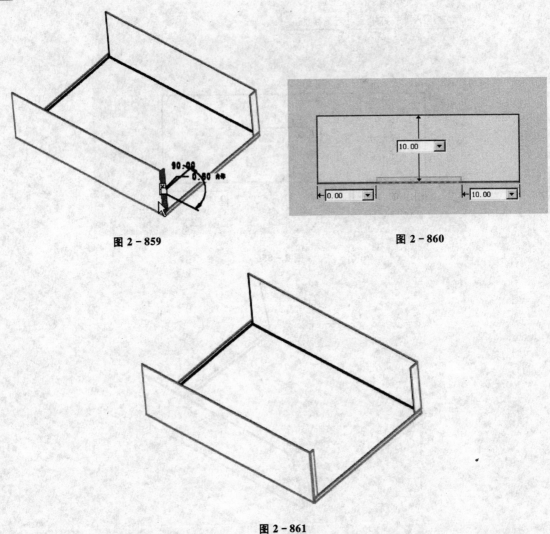

图 2-859　　　　　　　　　　　图 2-860

图 2-861

步骤 7　创建平整壁 5

(1) 单击菜单【插入】→【钣金件壁】→【平整】,或单击工具栏 按钮,打开创建平整壁特征操作面板。

(2) 在操作面板选定平整壁形状为"矩形",其他设置如图 2-862 所示。

图 2-862

(3) 选择如图 2-863 所示的绿色边为连接边,形状面板设定尺寸为如图 2-864 所示。

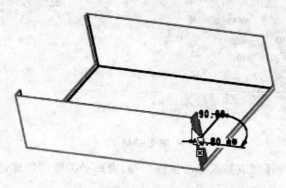

图 2-863

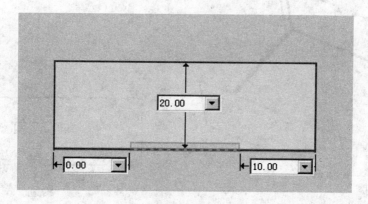

图 2-864

(4) 单击操作面板的【完成】,或单击鼠标中键,完成平整壁的创建,如图 2-865 所示。

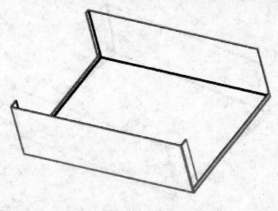

图 2-865

步骤 8 创建平整壁 6

(1) 单击菜单【插入】→【钣金件壁】→【平整】,或单击工具栏 按钮,打开创建平整壁特征操作面板。

(2) 在操作面板选定平整壁形状为"矩形",其他设置如图 2-866 所示。

(3) 选择如图 2-867 中鼠标所示的边为连接边,形状面板设定尺寸为如图 2-868 所示。

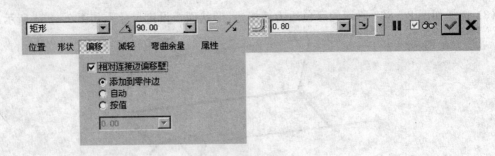

图2-866

(4) 单击操作面板的【完成】,或单击鼠标中键,完成平整壁的创建,如图2-869所示。

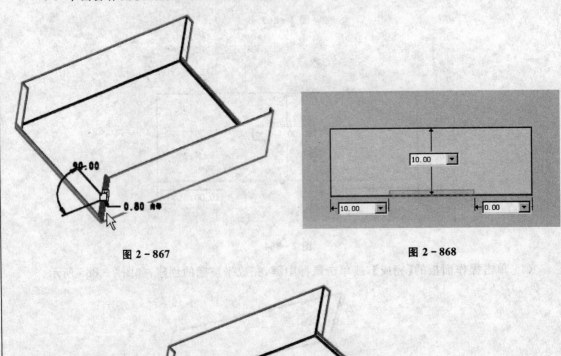

图2-867　　　　　　　　　　　　　　图2-868

图2-869

步骤9　使用拉伸特征创建过线孔

(1) 单击菜单【插入】→【拉伸】,打开拉伸特征操作面板,选中 ⊿ 按钮,各项设置如图2-870所示。

(2) 单击【放置】中的【定义】,系统显示【草绘】。

(3) 选择RIGHT基准平面为草绘平面,单击【草绘】中的【草绘】,系统进入草绘工作

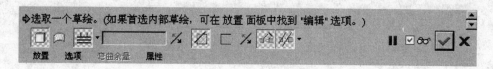

图 2-870

环境。

(4) 绘制如图 2-871 所示的草绘截面,单击草绘命令工具栏中的 ✓ 按钮,完成拉伸截面的绘制,返回特征操作面板。

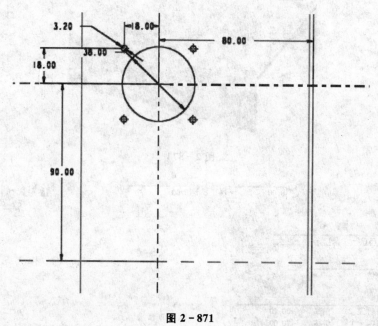

图 2-871

(5) 单击 ☑∞ 按钮,查看模型如图 2-872 所示,单击特征操作面板中的 ✓ 按钮,完成特征建立。

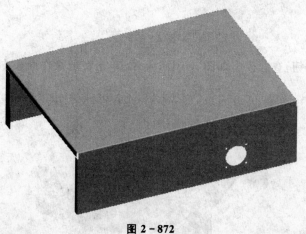

图 2-872

步骤 10 建立孔特征

(1) 单击菜单【插入】→【孔】命令,打开孔特征操作面板,各项设置如图 2-873 所示。

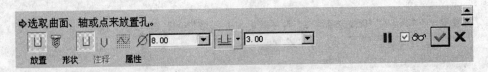

图 2-873

（2）选择如图 2-874 所示的面放置孔，孔的定位尺寸、孔径大小与深度如图 2-875 所示。

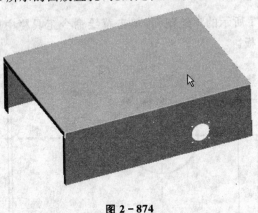

图 2-874

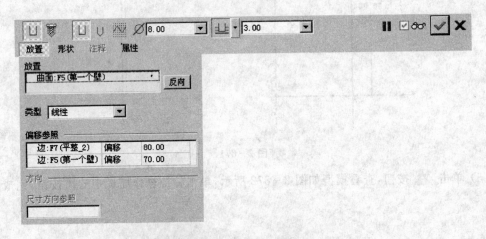

图 2-875

（3）单击 ☑∞ 按钮，查看模型如图 2-876 所示，单击特征操作面板中的 ☑ 按钮，完成孔特征建立。

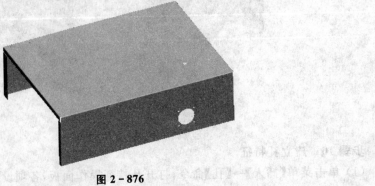

图 2-876

步骤11　建立填充阵列

(1) 选中步骤9创建的孔特征,单击菜单【编辑】→【阵列】,打开阵列特征操作面板,选定"填充"类型,如图2-877所示。

图2-877

(2) 单击【参照】面板的【定义】,打开【草绘】,选择壳体的上表面为草绘平面,如图2-878所示。单击【草绘】进入草绘工作环境。

图2-878

(3) 绘制如图2-879所示的填充区域,单击草绘命令工具栏中的✓按钮,完成拉伸截面的绘制,返回特征操作面板。

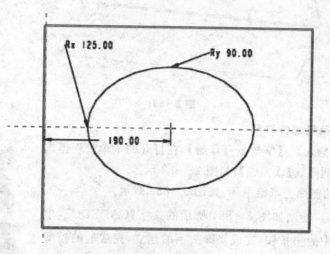

图2-879

(4) 在模型中选择被阵列的原始孔,该孔将被隐藏,其他各选项设置如图2-880所示。

(5) 单击 按钮,查看模型如图2-881所示,单击特征操作面板中的✓按钮,完成特征建立。

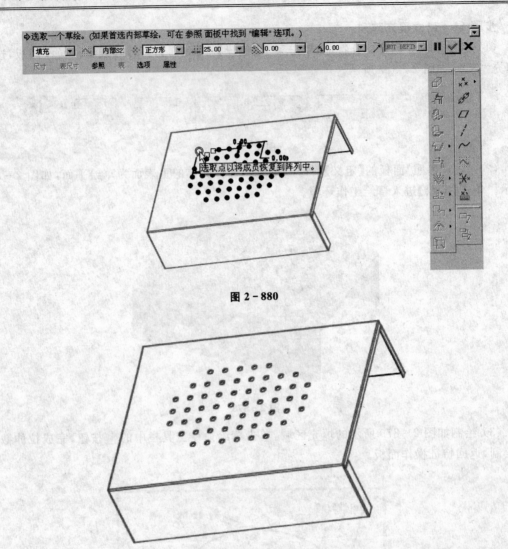

图 2-880

图 2-881

步骤 12　建立草绘修饰特征

（1）单击菜单【插入】→【修饰】→【草绘】，在打开的菜单管理器选择【规则截面】、【无剖面线】、【完成】，如图 2-882 示。

（2）选择壳体的侧面为草绘平面，如图 2-883 所示。

（3）使用 按钮，绘制如图 2-884 所示的文字"CADEDU"，单击草绘命令工具栏中的 按钮，完成修饰文字的建立，完成后的模型如图 2-885 所示。

步骤 13　保存文件

单击菜单【文件】→【保存】命令，保存当前模型文件，然后关闭当前工作窗口。

图 2-882

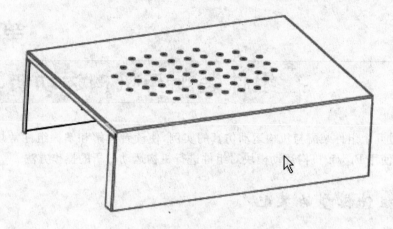

图 2-883

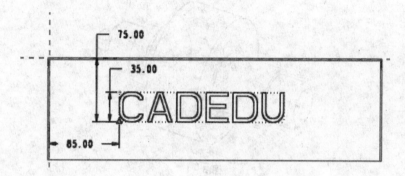

图 2-884

图 2-885

第 3 章 组件装配与机构运动仿真实例

本章通过几个组件装配与机构运动仿真的实例,使读者理解和掌握组件常规的连接与装配方式,学习使用 Pro/E 机构运动模块对组件进行机构运动分析的操作方法。

3.1 轴组件模型的装配

本例完成如图 3-1 所示的组件模型。

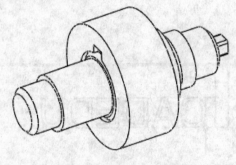

图 3-1

步骤 1 建立新文件

(1) 进入 Pro/ENGINEER Wildfire4.0 工作界面。

(2) 在工具栏单击 按钮,在〖新建〗中选择"组件"类型,输入文件名"SHAFT",并选中"使用缺省模板"选项。

(3) 单击〖新建〗中的【确定】,进入组件设计模式。

步骤 2 装载轴零件

(1) 单击菜单【插入】→【元件】→【装配】系统弹出〖打开〗。

(2) 在〖打开〗中选择配书光盘中的"shaft.prt"模型文件,再单击【打开】可以看到如图 3-2 所示。

(3) 在打开的元件放置操作面板中,选择"缺省"约束类型,单击 按钮,完成第一个模型的放置。

步骤 3 装配键

(1) 同放置轴的操作,打开配书光盘中的"key.prt"模型文件,如图 3-3 所示。

(2) 选择"匹配"约束类型。

(3) 选择图 3-4 中箭头指示的键侧面和键槽侧面。

(4) 装配结果如图 3-5 所示。

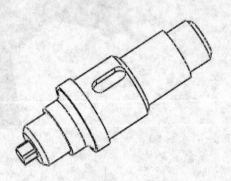

图 3-2

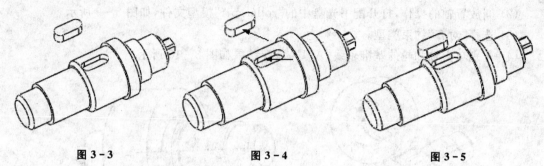

图 3-3　　　　　　　　图 3-4　　　　　　　　图 3-5

(5) 单击〖放置〗面板中的"新建约束",选择"插入"约束类型。

(6) 如图 3-6 中箭头所示,分别选择键的圆弧端面与键槽的圆弧端面。

(7) 单击〖放置〗面板中的"新建约束",选择"匹配"约束类型。

(8) 选择键槽底面和键底面,此时模型中出现箭头,指示匹配偏移方向。

(9) 选择偏移方式为"重合",按 Enter 键确认,结果如图 3-7 所示。

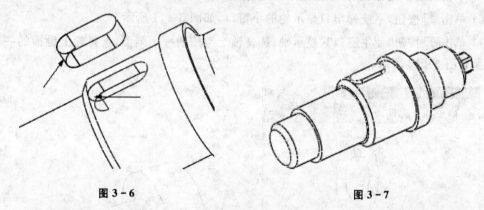

图 3-6　　　　　　　　　　　　　图 3-7

(10) 此时元件放置操作面板显示当前装配状态为全约束状态,如图 3-8 所示。

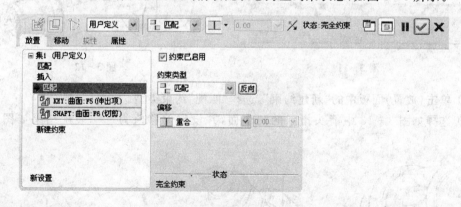

图 3-8

(11) 单击元件放置操作面板中的 ✓ 按钮,完成键的装配。

步骤 4　装配轮

(1) 在模型树中选择"key.prt",单击鼠标右键,在弹出的快捷菜单中单击【隐藏】命令,隐藏该装配零件以便下个零件的装配。

(2) 同放置轴的操作,打开配书光盘中的"roller.prt"模型文件,如图 3-9 所示。
(3) 选择"对齐"约束类型。
(4) 分别单击轴和轮的基准轴线"A_1",装配结果如图 3-10 所示。

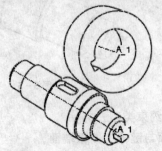
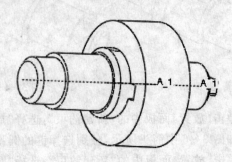

图 3-9　　　　　　　　　图 3-10

(5) 单击〖放置〗面板中的"新建约束",选择"对齐"约束类型。
(6) 单击 按钮,系统弹出只显示轮的小窗口,如图 3-11 所示。
(7) 单击 按钮,使主窗口只显示轴,选择轴上键槽的一个侧面,选择轮上键槽的一个侧面,结果如图 3-12 所示。

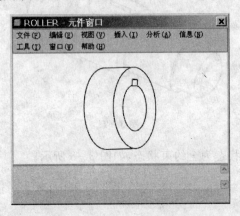
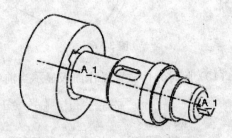

图 3-11　　　　　　　　　图 3-12

(8) 单击〖放置〗面板中的"新建约束",选择"匹配"约束类型。
(9) 选择如图 3-13 中箭头指示的两个面,并设定偏移值为"0",装配结果如图 3-14 所示。

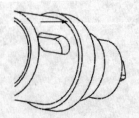
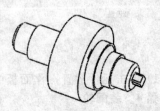

图 3-13　　　　　　　　　图 3-14

(10) 单击元件放置操作面板中的 ✓ 按钮,完成轮的装配。

(11) 在模型树中选择"key.prt",右击鼠标在弹出的快捷菜单中单击【取消隐藏】命令,解除对该零件的隐藏。

步骤 5　保存模型

单击菜单【文件】→【保存】命令,保存当前模型,然后关闭当前工作窗口。

提示:
- 在零件装配之前将组件模型中的某些零件隐藏,可简化装配过程中的图面,便于捕捉要进行约束的对象。
- 零件装配时必须合理选择第一个装配零件,一般选择整个模型中最为关键的零件。
- 针对不同装配要求合理选择约束类型,借助"自动"选项,系统可自动选择合适的约束类型,有利于加快装配操作。

3.2　链条的装配

建立如图 3-15 所示的组件模型。

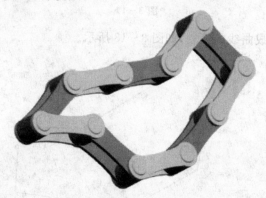

图 3-15

步骤 1　建立新文件

(1) 单击工具栏中 □ 按钮,在弹出的〖新建〗对话框中选择"组件"类型,并选中"使用缺省模板"选项,在〖名称〗栏输入新建文件名"3-2"。

(2) 单击〖新建〗对话框中的【确定】,进入组件装配环境。

步骤 2　建立基准曲线

(1) 单击特征工具栏中的 ◯ 按钮,打开〖草绘〗对话框。

(2) 选择 ASM_FRONT 基准平面为草绘平面,ASM_RIGHT 基准平面为视图方向参照,如图 3-16 所示。

(3) 单击【草绘】,进入草绘工作环境。

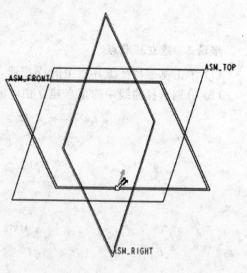

图 3-16

(4) 使用绘直线和几何约束等草绘工具,建立如图 3-17 所示的 10 条等长且首尾相连的线段。

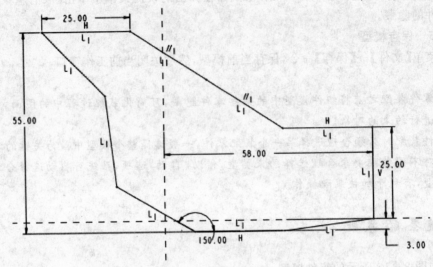

图 3-17

(5) 单击 ✓ 按钮,完成曲线的建立,如图 3-18 所示。

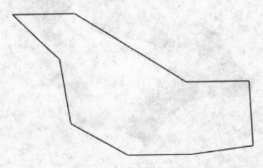

图 3-18

步骤 3　建立基准点

(1) 单击基准特征工具栏中的 ⋆⋆ 按钮,打开〖基准点〗。
(2) 分别选择曲线中的顶点建立相应的基准点,如图 3-19 所示。

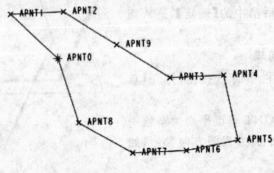

图 3-19

步骤4　装载第1个模型

(1) 单击特征工具栏中的 按钮，在〖打开〗窗口中选择配书光盘"3-2"文件夹中的"link1.prt"文件，单击〖打开〗装载该模型，如图3-20所示。

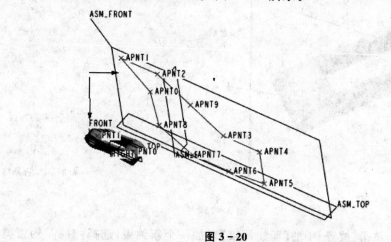

图 3-20

(2) 在打开的元件放置操作面板中，选择"对齐"约束类型，然后选取元件LINK1中的基准平面FRONT和组件中的基准平面ASM_FRONT，设定偏距值为"0"，如图3-21所示。

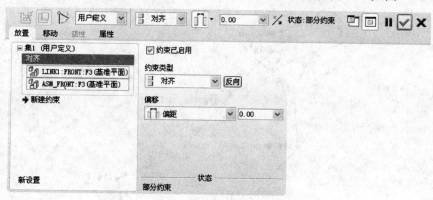

图 3-21

(3) 此时约束组装的结果如图3-22所示。

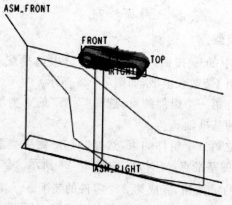

图 3-22

(4) 单击〖放置〗中的【新建约束】增加一个新约束,选择"对齐"约束类型,然后选取元件 LINK1 中的基准点 PNT1 和组件中的基准点 APNT1,如图 3-23 所示。

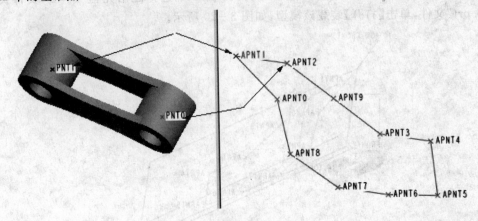

图 3-23

(5) 同样方法,单击〖放置〗中的【新建约束】增加一个新约束,选择"对齐"约束类型,然后选取元件 LINK1 中的基准点 PNT0 和组件中的基准点 APNT2。

(6) 单击操作面板中的✓按钮,完成第一个零件的装配,如图 3-24 所示。

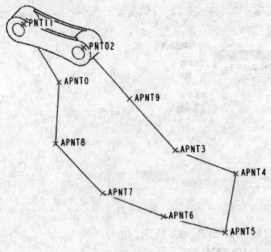

图 3-24

步骤 5　装载第 2 个模型

(1) 单击特征工具栏中的按钮,在〖打开〗窗口中选择配书光盘"3-2"文件夹中的"link2.prt"文件,单击【打开】装载该模型,如图 3-25 所示。

(2) 在〖放置〗面板建立第一个组件约束,选择"对齐"约束类型,然后选取元件 LINK2 中的基准轴 A_13 和组件中的基准轴 A_5。

(3) 在〖放置〗面板建立第二个组件约束,选择"对齐"约束类型,然后选取元件 LINK2 中的基准点 PNT1 和组件中的基准点 APNT9,如图 3-26 所示。

(4) 单击操作面板中的✓按钮,完成第 2 个零件的装配。

(5) 重复步骤 4、步骤 5 的操作,完成其他元件的组装,结果如图 3-27 所示。

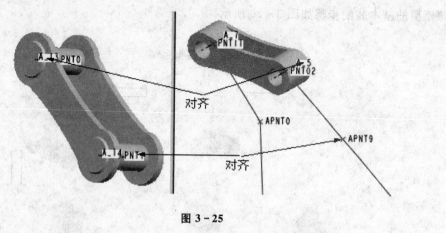

图 3-25

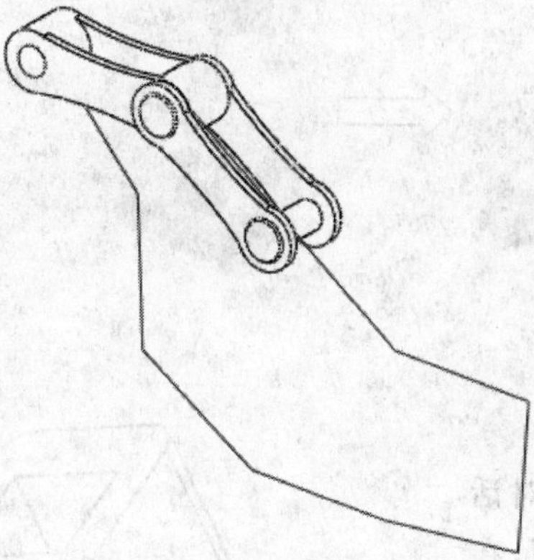

图 3-26

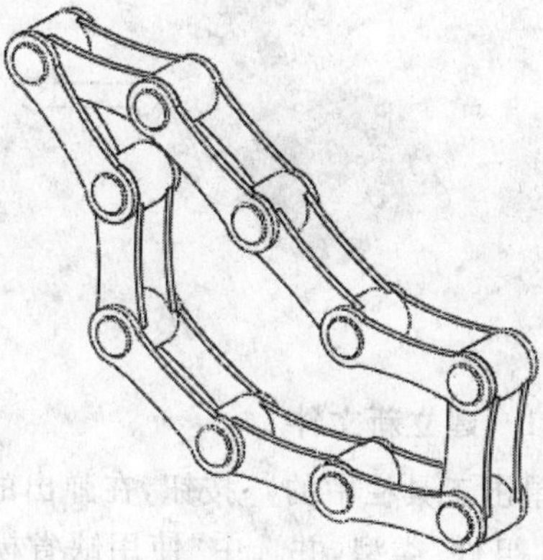

图 3-27

步骤 6 保存文件

单击菜单【文件】→【保存】,保存当前模型文件,然后关闭当前工作窗口。

3.3 曲柄滑块机构的装配

完成如图 3-28 所示的装配模型。

图 3-28

该模型的基本装配步骤如图3-29所示。

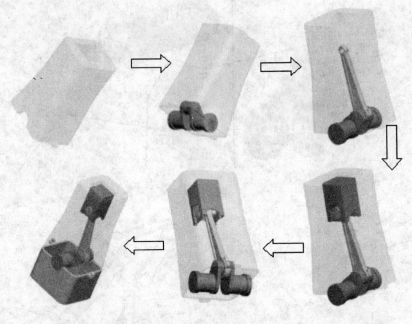

图3-29

步骤1 建立新文件

（1）单击工具栏中的 按钮，在弹出的〖新建〗对话框中选择"组件"类型，并选中"使用缺省模板"选项，在〖名称〗栏输入新建文件名"3-3"。

（2）单击〖新建〗中的〖确定〗，进入组件装配环境。

步骤2 装载第1个模型

（1）单击特征工具栏中的 按钮，在〖打开〗窗口中选择配书光盘"3-3"文件夹中的"body1.prt"文件，再单击〖打开〗装载该模型，如图3-30所示。

（2）在打开的元件放置操作面板中，选择"缺省"装配第一个元件，如图3-31所示。

（3）单击特征操作面板的 按钮，完成第一个零件的装配。

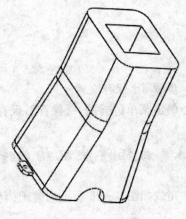

图3-30

图3-31

步骤3 以销钉连接方式装配第2个零件

（1）单击特征工具栏中的 按钮，在〖打开〗窗口中选择配书光盘"3-3"文件夹中的"cshaft1.prt"文件，单击〖打开〗装载该模型，如图3-32所示。

（2）在打开的元件放置特征操作面板中选择"销钉"连接方式，如图3-33所示。

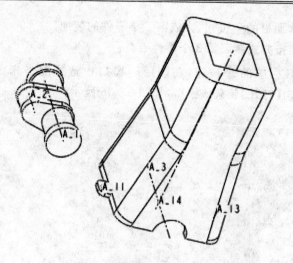

图 3-32

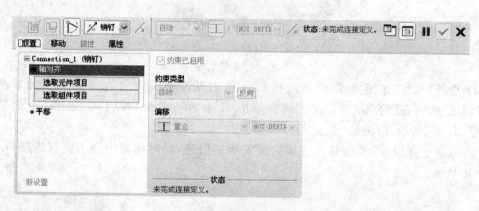

图 3-33

（3）选择 cshaft1 的基准轴线 A_1 与 body1 的基准轴线 A_3，以满足"轴对齐"约束关系。选择图 3-34 中箭头指示的两平面，以满足"平移"约束关系。

（4）完成上述操作，系统显示连接定义完毕的信息，同时模型中显示销钉连接符号，如图 3-35 所示。

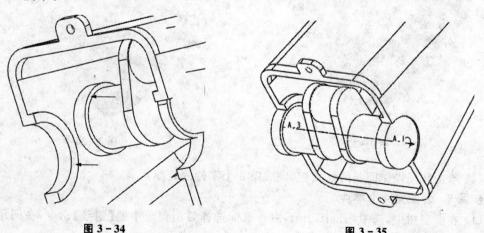

图 3-34　　　　　　　　　　　　图 3-35

(5) 单击特征操作面板的■按钮,完成第2个零件的装配。

步骤4 以销钉连接方式装配第3个零件

(1) 单击特征工具栏中的■按钮,在【打开】窗口中选择配书光盘"3-3"文件夹中的"crank1.prt"文件,单击【打开】装载该模型,如图3-36所示。

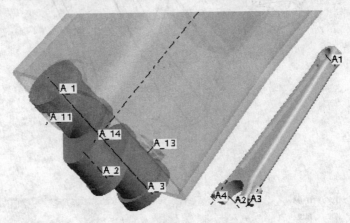

图3-36

(2) 选择"销钉"连接方式,然后选择 cshaft1 的基准轴线 A_2 与与 crank1 的基准轴线 A2,以满足"轴对齐"约束关系。分别选择 cshaft1 上的基准点 PNT1 与 crank1 上的基准点 P2,如图3-37所示,以满足"平移"约束关系。

(3) 完成上述操作,系统显示连接定义完毕的信息,同时模型中显示销钉连接符号,如图3-38所示。

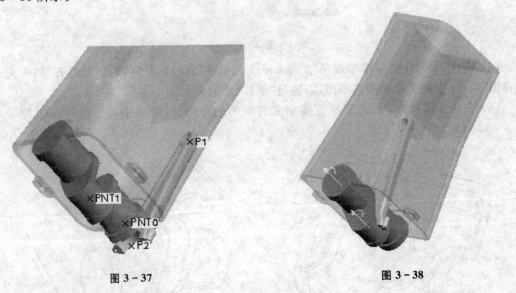

图3-37　　　　　　　　图3-38

(4) 单击特征操作面板的■按钮,完成第3个零件的装配。

步骤5　装配第4个零件

(1) 在模型树中,选中 cshaft1.prt,右击鼠标选择弹出菜单中的【隐藏】命令,在图形窗口中隐藏该模型,以便后面的装配操作。

(2) 单击特征工具栏中的 按钮,在〖打开〗中选择配书光盘"3-3"文件夹中的"slend1.asm"文件,单击【打开】装载该模型,如图3-39所示。

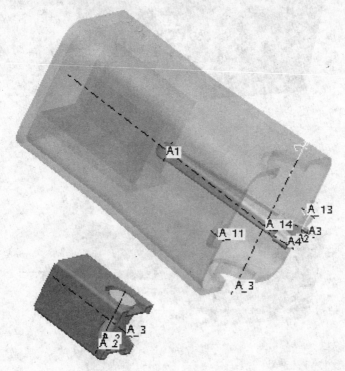

图 3-39

(3) 选择"圆柱"连接方式,然后选择子装配模型slend1中的基准轴线 A_2 与 crank1 的基准轴线 A1。

(4) 继续添加"圆柱"连接方式。

(5) 选择 body1 中的基准轴线 A_14 与 slend1 中的基准轴线 A_3。

(6) 单击特征操作面板的 按钮,完成第4个零件的装配,如图3-40所示。

步骤6 装配第5个零件

(1) 在模型树中选中 body1.prt,右击鼠标,选择右键菜单中的【隐藏】,在图形窗口中隐藏该模型,以便后面的装配操作。

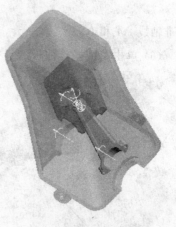

图 3-40

(2) 单击特征工具栏中的 按钮,在〖打开〗窗口中选择配书光盘"3-3"文件夹中的"crankend.prt"文件,再单击【打开】装载该模型,如图3-41所示。

(3) 选择"匹配"约束方式,然后选择 crank1 和 crankend 配合的面,如图3-42所示。

(4) 单击〖放置〗中的【新建约束】,添加"对齐"约束类型,然后选择图3-43所示两模型的基准轴线 A3 和 A4。

(5) 单击〖放置〗中的【新建约束】,添加"对齐"约束类型,然后选择图3-43所示两模型的

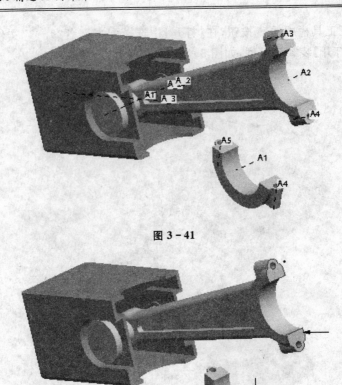

图 3-41

图 3-42

基准轴线 A4 和 A5。

(6) 单击特征操作面板的 ✓ 按钮,完成第 5 个零件的装配,如图 3-44 所示。

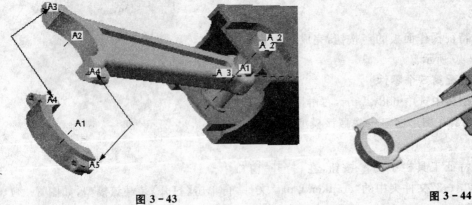

图 3-43   图 3-44

步骤 7　装配第 6 个零件

(1) 在模型树中选中 body1.prt,右击鼠标选择弹出菜单中的【取消隐藏】命令,恢复该模型的显示。

(2) 在模型树中选中 slend1.asm、crankend.prt,右击鼠标选择弹出菜单中的【隐藏】命令，在图形窗口中隐藏这两个模型，以便后面的装配操作。

(3) 单击特征工具栏中的 按钮，在〖打开〗窗口中选择配书光盘"3-3"文件夹中的"bodybottom.prt"文件，单击【打开】装载该模型，如图3-45所示。

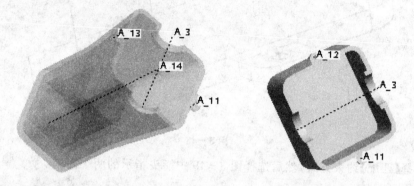

图 3-45

(4) 选择"匹配"约束方式，然后选择body1和bodybottom配合的面，如图3-46所示。

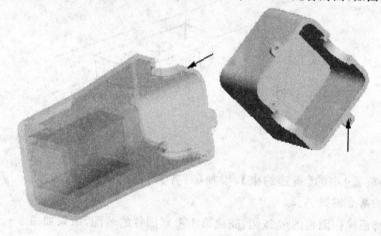

图 3-46

(5) 单击〖放置〗中的【新建约束】，添加"对齐"约束类型，然后选择body1的基准轴线A_11和bodybottom的基准轴线A_11。

(6) 单击〖放置〗中的【新建约束】，添加"对齐"约束类型，然后选择body1的基准轴线A_13和bodybottom的基准轴线A_12。

(7) 单击特征操作面板的 按钮，完成第6个零件的装配，如图3-47所示。

步骤8 装配紧固件

(1) 在模型树中，选中bodybottom.prt，右击鼠标选择弹出菜单中的【隐藏】，在图形窗口中隐藏这个模型，以便后面的装配操作。

图 3-47

(2) 单击特征工具栏中的 按钮,在〖打开〗窗口选择配书光盘"3－3"文件夹中的"pin2.prt"文件,单击【打开】装载该模型,如图 3-48 所示。

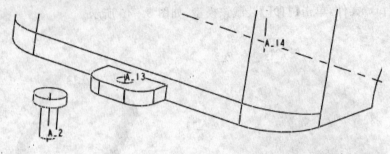

图 3-48

(3) 选择【匹配】约束方式,然后选择图 3-49 中箭头指示的两个面。

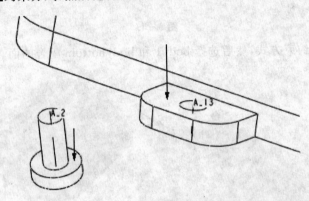

图 3-49

(4) 单击〖放置〗中的【新建约束】,添加【对齐】约束类型,然后选择 body1 的基准轴线 A_13 和 pin2 的基准轴线 A_2。
(5) 单击特征操作面板的 按钮,完成第 1 个紧固件的装配,结果如图 3-50 所示。
(6) 同样方法完成其他紧固件的安装,请读者自行完成。
(7) 恢复所有隐藏的模型,结果如图 3-51 所示。

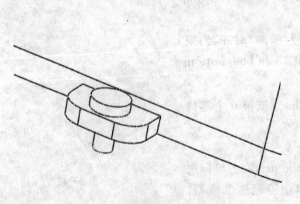

图 3-50

图 3-51

步骤9　保存模型

单击菜单【文件】→【保存】,保存当前模型文件,然后关闭当前工作窗口。

3.4　组件的间隙与干涉分析实例

步骤1　打开练习文件

单击主菜单中的打开文件图标,打开配书光盘 ch3 文件夹中 analy.asm 模型文件,如图 3-52 所示。

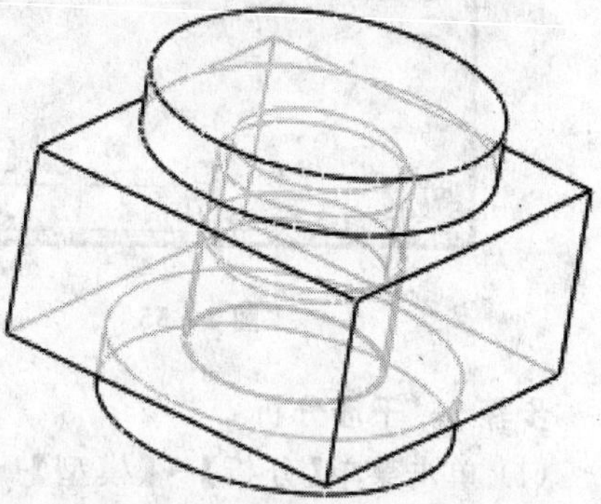

步骤2　间隙分析

(1) 单击【分析】→【模型】→【配合间隙】,打开〖配合间隙〗。

(2) 单击【定义】,切换到〖定义〗面板,在图形窗口中,依次选择 ANANLY2.PRT 零件和 ANANLY1.PRT 零件。

(3)〖结果〗栏显示间隙为 2.99956,如图 3-53 所示。

(4) 同时模型中显示间隙位置(以两个高亮显示的点来标示),如图 3-54 所示。

图 3-52

图 3-53　　　　　图 3-54

(5) 单击菜单【分析】→【模型】→【全局间隙】,打开〖全局间隙〗。
(6) 在〖定义〗面板设定间隙值为"2",其他接受系统的默认选项,如图 3-55 所示。
(7) 单击 按钮,结果栏中显示两组零件有符合条件的间隙,如图 3-56 所示。
(8) 在结果栏中,选中一组对象,模型中显示选中零件之间的间隙位置。

图 3-55

图 3-56

步骤 3　干涉分析

（1）单击菜单【分析】→【模型】→【全局干涉】，打开〖全局干涉〗。

（2）单击 按钮，结果栏中显示两组零件间有干涉，如图 3-57 所示。

（3）在结果栏中，选中第 1 组干涉对象，模型中显示 ANALY1.PRT 与 ANALY3.PRT 零件的干涉情况（红色高亮显示），如图 3-58 所示。

（4）在结果栏中，选中第 2 组干涉对象，模型中显示 ANALY2.PRT 与 ANALY3.PRT 零件的干涉情况（红色高亮显示），如图 3-59 所示。

图 3-57

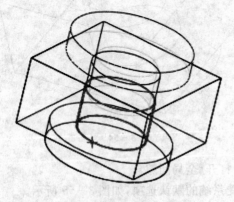

图 3-58

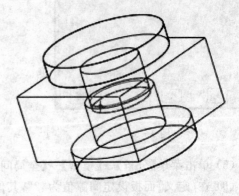

图 3-59

步骤 4　保存文件

（1）单击 ❌ 按钮，关闭〖全局干涉〗分析对话框。

（2）单击【文件】→【保存】选项，保存当前文件，然后关闭当前工作窗口。

3.5 曲柄滑块机构运动分析

本例对如图3-60所示的曲柄滑块机构模型进行仿真分析。

步骤1 打开练习文件

(1) 单击菜单【文件】→【打开】命令。

(2) 打开配书光盘3-5文件夹中的"3-5.asm"模型文件,如图3-60所示。

步骤2 进入Mechanism工作环境

(1) 单击菜单【应用程序】→【机构】命令,进入机构工作环境。

(2) 单击 按钮,检查机构连接装配情况。

(3) 系统显示如图3-61所示的〖连接组件〗。单击【运行】检查装配连接情况。

(4) 系统显示〖确认〗,显示连接成功的信息,如图3-62所示。单击【是】确认检查结果。

图 3-60

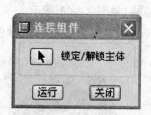

图 3-61

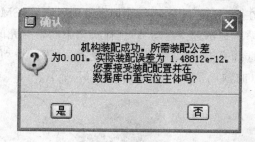

图 3-62

步骤3 观察机构中的体

(1) 单击菜单【视图】→【加亮主体】,模型中的体高亮显示,不同的体显示的颜色不同(颜色效果对照电脑观察),如图3-63所示。

(2) 呈绿色显示的机构外壳为机构分析中的地体,在对装配模型中的零件进行拖动,或伺服电动机驱动机构时,地体保持静止不动。

步骤4 拖动模型

(1) 单击 按钮,打开〖拖动〗。

(2) 在曲柄模型中,任意选择一点,如图3-64所示。

(3) 拖动鼠标,除外壳不动外,其他所有的体被牵动。

(4) 单击中键,结束当前的拖动,如图3-65所示

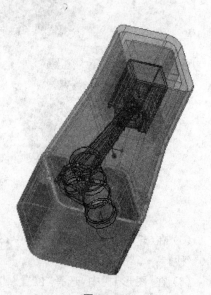

图 3-63

为拖动到某一位置的机构形态。

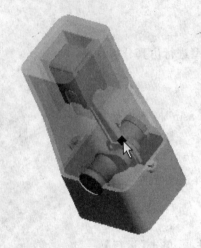
图 3-64

图 3-65

步骤 5　建立伺服电动机

（1）单击 按钮，打开〖伺服电动机定义〗。

（2）在〖名称〗栏中输入新建伺服电动机名称：SM1。

（3）系统提示选择运动轴，选择机构中曲轴与壳的连接轴，如图 3-66 所示。

（4）选择完毕，模型中显示一紫色箭头，表示运动的方向，参考对象（外壳）呈绿色显示，被驱动对象（曲轴）呈红色显示，如图 3-67 所示。

图 3-66

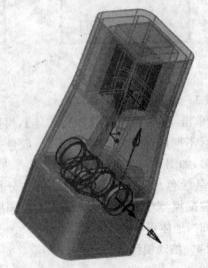
图 3-67

（5）在〖轮廓〗中的〖规范〗栏中，选择"速度"选项，输入速度大小为"100"，即角速度为 100°/秒。

（6）在〖图形〗栏中，选择"位置"、"速度"，其他接受默认设置，如图 3-68 所示。

（7）单击 按钮，查看伺服电动机的图形曲线，结果如图 3-69 所示。

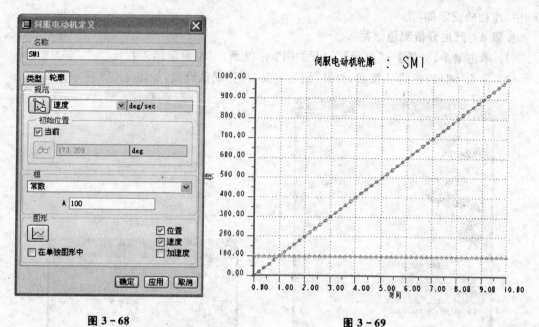

图 3-68   图 3-69

(8) 单击【确定】完成伺服电动机的建立。

步骤 6 仿真运动过程

(1) 单击 按钮打开〖分析定义〗。

(2) 接受系统默认的分析名称,选择"运动学"分析类型。

(3) 接受系统默认的图形显示时间格式,单击【运行】观察机构运动情况。

步骤 7 回放并保存分析结果

(1) 单击 按钮,打开〖回放〗对话框,如图 3-70 所示。

(2) 单击〖回放〗中的 按钮,打开〖动画〗对话框,如图 3-71 所示。

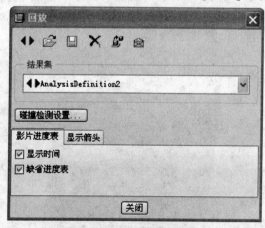

图 3-70

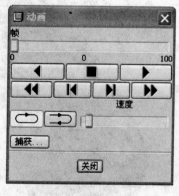

图 3-71

(3) 单击 ▶ 按钮,播放步骤 7 建立的机构运动仿真过程。

(4) 若想将机构的仿真运动过程输出为影音文件或图片,只需单击【捕获】在打开的〖捕获》中,作相应设定即可。

步骤 8　产生分析测量结果

(1) 单击菜单【分析】→【测量】,打开如图 3-72 所示的〖测量结果〗。

(2) 单击〖测量〗栏的 □ 按钮,打开〖测量定义〗接受默认设置,如图 3-73 所示。

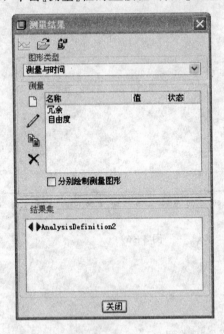

图 3-72

图 3-73

(3) 在滑块上选择一点,如图 3-74 所示。

(4) 在〖分量〗栏中,选择"Y 分量",以测量 Y 轴分量上该点的位移情况。

(5) 模型中相应显示坐标系及方向箭头,如图 3-75 所示。

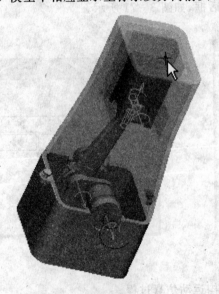

图 3-74

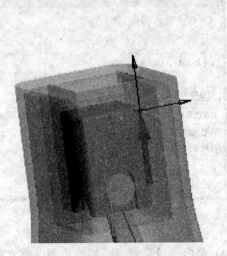

图 3-75

(6) 单击【确定】完成测量定义,返回〖测量结果〗。

(7) 在〖结果集〗栏中选中步骤 7 建立的分析:Analysis Definition2;在〖测量〗栏中选中刚刚定义的测量:Measure1,如图 3 – 76 所示。

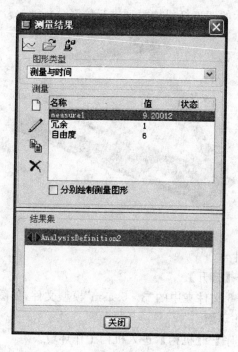

图 3 – 76

(8) 单击 按钮,显示该点随时间的位移曲线,如图 3 – 77 所示。

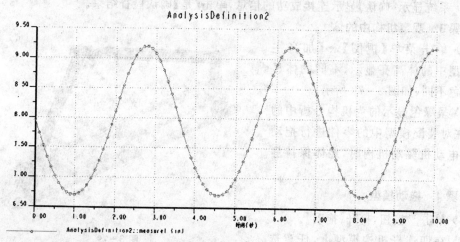

图 3 – 77

(9) 单击【关闭】关闭〖测量结果〗对话框。

步骤 9　保存文件

单击菜单【文件】→【保存】命令,保存当前模型文件。

3.6 四连杆机构运动分析

本例对如图3-78所示的四连杆机构模型进行仿真分析。

图3-78

步骤1　打开练习文件

（1）单击菜单【文件】→【打开】。

（2）打开配书光盘3-6文件夹中的"3-6.asm"模型文件，如图3-78所示。

步骤2　进入机构工作环境

（1）单击菜单【应用程序】→【机构】，进入机构工作环境。

（2）单击菜单【编辑】→【重新连接】，检查装配情况。

（3）单击〖连接组件〗中的【运行】，检查装配连接情况。

（4）系统显示〖确认〗显示连接成功的信息，单击【是】确认检查结果。

步骤3　观察机构中的体

（1）单击菜单【视图】→【加亮主体】，模型中的体高亮显示，不同的体显示的颜色不同，如图3-79所示。

（2）呈绿色显示的为机构分析中的地体，在对装配模型中的零件进行拖动或伺服电动机驱动机构时，地体保持静止不动。

步骤4　拖动模型

（1）单击按钮，打开〖拖动〗。

（2）在四连杆机构模型上，任意选中一点，如图3-80所示。

图3-79

（3）拖动鼠标，移动该摇杆，观察机构运动情况。

（4）如图3-81所示为光标拖动到图示位置时的机构形态，单击中键，结束当前的拖动。

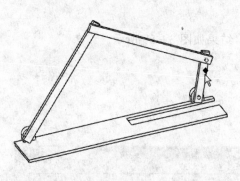
图 3-80

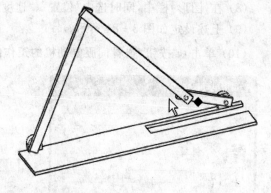
图 3-81

步骤 5　建立伺服电动机

（1）单击 按钮，打开〖伺服电动机定义〗。

（2）在〖名称〗栏中输入新建伺服电动机名称：SM2。

（3）选择图 3-82 中鼠标指示的 LINK3 与地的连接轴为运动轴。

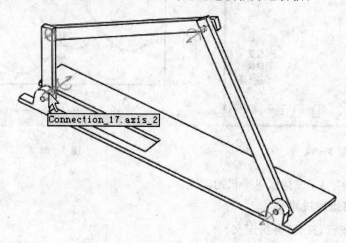
图 3-82

（4）选择完毕，模型中显示一紫色箭头，表示运动的方向，参考对象（地）呈绿色显示，被驱动对象（摇杆）呈蓝色显示，如图 3-83 所示。

（5）在〖轮廓〗中的〖规范〗栏中选择"速度"选项。

（6）取消对"当前"的选择，输入初始角度为"0"。

（7）在〖模〗栏中选择"余弦"函数（其表达式为 $q = A * \cos(360 * t/T + B) + C$），相应输入 $A=50, B=30, C=0, T=6$。

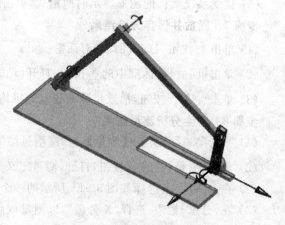
图 3-83

(8) 在〖图形〗栏中,同时选中"位置"、"速度"、"加速度"。

(9) 上述设定如图3-84所示。

(10) 单击 按钮,查看伺服电动机的工作曲线,结果如图3-85所示。

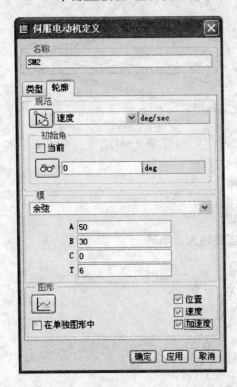

图3-84

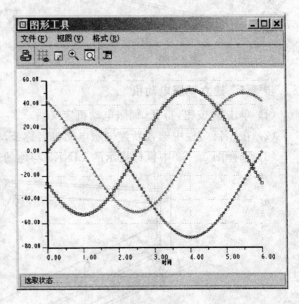

图3-85

(11) 单击【确定】完成伺服电动机的建立。

步骤6 仿真运动过程

(1) 单击 按钮,打开〖分析定义〗。

(2) 接受系统默认的分析名称。选择"运动学"分析类型。

(3) 接受系统默认的图形显示时间格式,单击【运行】观察机构运动情况。

步骤7 回放并保存分析结果

(1) 单击 按钮,打开〖回放〗对话框。

(2) 单击〖回放〗对话框中的 按钮,打开〖动画〗对话框。

(3) 单击 按钮,播放步骤6建立的机构运动仿真过程。

步骤8 产生分析测量结果

(1) 单击菜单【分析】→【测量】,打开〖测量结果〗。

(2) 单击〖测量〗栏的 按钮,打开〖测量定义〗选择测量类型为"速度"。

(3) 在LINK3上选择如图3-86所示的一个顶点。

(4) 在〖分量〗栏中,选择"X分量",以测量该点在X轴方向上的分速度。

(5) 模型中显示该分量的方向,如图3-87所示。

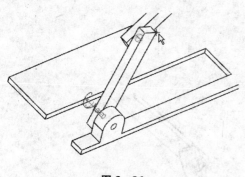

图 3-86   图 3-87

(6) 单击【确定】完成测量定义,返回〖测量结果〗对话框。
(7) 在〖结果集〗栏中选中 Analysis Definition1,在〖测量〗栏中,选中 measure1 项。
(8) 单击 ⊵ 按钮,显示测量结果,如图 3-88 所示。

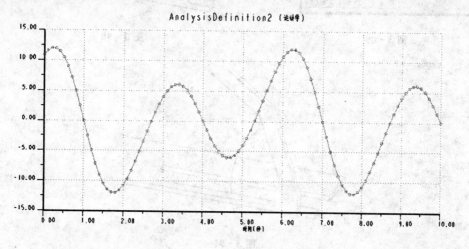

图 3-88

步骤 10   产生轨迹曲线

(1) 单击菜单【插入】→【轨迹曲线】,打开如图 3-89 所示的对话框。
(2) 单击鼠标中键,选择地为参考零件。
(3) 选择 LINK1 中的一个顶点,如图 3-90 所示。
(4) 选择 2D 曲线类型,在〖结果集〗栏中选中 Analysis Definition1。
(5) 单击【确定】模型中显示该点的运动轨迹,如图 3-91 所示。

步骤 11   保存文件

单击菜单【文件】→【保存】,保存当前模型文件。

图 3-89

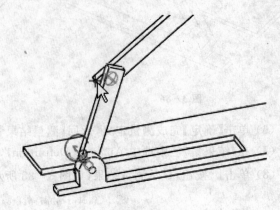

图 3-90

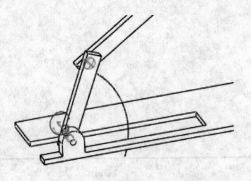

图 3-91